T0145115

Das Ende der Nachsichtigkeit

E. W. Udo Küppers

Das Ende der Nachsichtigkeit

Neue biokybernetische Handlungsmuster für resiliente Gesellschaften

E. W. Udo Küppers
Küppers-Systemdenken
Bremen
Deutschland

ISBN 978-3-658-22228-4   ISBN 978-3-658-22229-1 (eBook)
https://doi.org/10.1007/978-3-658-22229-1

Die Deutsche Nationalbibliothek verzeichnet diese Publikation in der Deutschen Nationalbibliografie;
detaillierte bibliografische Daten sind im Internet über http://dnb.d-nb.de abrufbar.

Springer ist ein Imprint der eingetragenen Gesellschaft Springer Fachmedien Wiesbaden GmbH und ist
ein Teil von Springer Nature.
Die Anschrift der Gesellschaft ist: Abraham-Lincoln-Str. 46, 65189 Wiesbaden, Germany

„Das Ende der Geduld"
Carl Friedrich von Weizsäcker (1987)

Vorwort

Globale Vernetzung von Konsum- und Investitionsgütern durch Gütertransporte erfolgt rund um den Erdball. Datenaustausch findet in Bruchteilen von Sekunden durch elektronische Kommunikationssysteme statt, von fast jedem Ort auf der Erde zu einem anderen, wie entfernt voneinander beide auch sein mögen. Nutzung und Umwandlung von energetischen „Treibstoffen" mit erheblichen bio- und geologischen Folgeproblemen sind der Preis für eine kontinuierliche, oft unrealistische Steigerung von Mobilität. Globalisierende Prozesse verfolgen uns bis in den kleinsten Winkel unserer Erde – und diese ist endlich.

Die Begrenztheit unseres Planeten zeigt sich nicht nur durch seine äußere Schutzgrenze, die das Leben schützende, nur wenige Kilometer dünne Ozonschicht, sondern vielmehr auch durch die ebenso begrenzten Ressourcen im Erdinneren und in der Biosphäre.

Der ökonomische „Schnellzug" der *Globalisierung* hat auf fundamentale Begrenzungen resilienter Lebensbereichen auf der Erde wenig Rücksicht genommen. Die belastenden Konsequenzen dieser einseitigen und nachhaltig fehlgeleiteten Entwicklungsstrategien spüren wir alle im wirtschaftlichen Umfeld (ungleiche Löhne für dieselbe Arbeit, Wegfall von Arbeitsplätzen trotz Milliardengewinnen der Unternehmen etc.), im naturnahen Umfeld (Bodenerosion, Monokulturen, Zerstörung von Urwäldern, die als CO_2-Senke und Lebensraum für viele Lebewesen dienen, Vermüllung der Meere mit Kunststoff, die zu tödlichen Gefahren für Tiere und Pflanzen und letztlich auch für Menschen werden etc.), im sozialen Umfeld („Armut-Reichtum-Schere" wird zunehmend größer, wenige Superreiche halten sich jeweils „ein Heer von Hunderten bis Tausenden Arbeitssklaven", mangelhafte bis ungenügende Bildung bzw. Zugang zu Bildung etc.) und nicht zuletzt durch die Verknüpfung einer unsäglichen Allianz zwischen Politik und Wirtschaft, die zu massiven, subventionierten staatlichen Förderungen bzw. Steuerentlastungen und Bevorteilungen von in der Regel Großunternehmen führt, mit gleichzeitiger Benachteiligung des sozialen gesundheiterhaltenden Sektors einer Gesellschaft.

Eine globalisierende Wirtschaft hat unstrittig auch Wohlstand für die Menschen geschaffen. Nur ist diese Lebensverbesserung bei der Mehrzahl der Erdbevölkerung, mit gegenwärtig über 7,5 Milliarden, nie angekommen.

Das Ende der ökonomisch geprägten Nachsichtigkeit und der Neubeginn einer nachhaltigen, umweltverträglichen und sozialökonomischen Entwicklung ist längst überfällig. Ein Beispiel mag dies verdeutlichen.

Vor mehreren Jahren verursachte der Mensch durch unverantwortliche und ökonomisch getriebene Naturzerstörung, durch Urwaldrodung das Bienensterben, einer einzelnen Bienenart in Südamerika, der großen weiblichen Orchideenbiene (Euglossa). Sie ist ein besonderes Lebewesen im globalen Naturnetzwerk, denn nur sie kann den Paranussbaum bestäuben. Die menschlichen Eingriffe führten zum (nahezu) Totalausfall der Produktion der endemischen Pflanze. Weitflächige Rodungen führen bis heute auch dazu, dass das Aguti vom Aussterben bedroht ist, weil der südamerikanische Nager fast das einzige Tier ist, das die harte Paranusskapsel brechen und somit einzelne Samen im Boden verteilt, wodurch das Wachstum neuer Paranusspflanzen breitflächig gesichert wird.[1] Die Folge

---

[1] https://www.regenwald.org/uploads/regenwaldreport/pdf/regenwald-report-022012.pdf (Zugriff: 17.12.2017).

ist, dass seit Jahren keine Paranusssamen in ihren Schalen und kugeligen Schalenhüllen im erdumspannenden Handel sind, was wir Europäer besonders in der Weihnachtszeit wahrnehmen.

Wildbienenpopulationen werden durch gestiegenen kommerziellen ökonomischen Druck, auf vielfältige Weise zu „Dienstleistungstieren" des Menschen degradiert. Zum Beispiel tragen Waldrodungen und Monokulturen, die eine drastische Reduzierung der Biodiversität zur Folge haben, nicht nur zur Reduzierung von Bienenarten bei, sondern fördern diese durch das zunehmende Auftreten von „[…] Neonikotine(n), (das sind) hochwirksame, synthetisch hergestellte Substanzen, die in der Landwirtschaft zur Insektenvernichtung dienen" (Guillén 2017, S. 22). Dahinter stehen globalisierende Warenströme verbunden mit dem bekannten Ziel ökonomischer Umsatz- und Gewinnmaximierung.

Durch ökonomisch getriebene, kurzsichtige fehlgeleitete Ziele erfolgen unüberlegte Eingriffe in feingesponnene Überlebensnetzwerke der Natur, bei denen sich der Mensch zu einem „Richter" über Leben und Tod von Arten, erhebt, die ihm selbst das Überleben zu sichern helfen. Es ist ein merkwürdiges Paradoxon, um nicht zu sagen ein *teuflischer Regelkreis* aus global-ökonomischem Vorteil und Naturzerstörung. Vergleichbare Beispiele menschlichen *Handelns ohne Augenmaß* existieren im Überfluss (vgl. stellvertretend Hartmann 2015, weiter unten).

Wenn wir diese weitreichende biologische Zerstörung – im übertragenen Sinn – auf unsere anthropozänen Aktivitäten menschengemachter Katastrophen – bis zu Ende gedacht – abbilden, muss jeder um seine und anderer Weiterentwicklung höchst nachdenklich um nicht zu sagen Angst und Bange werden.

Dieser ganzheitlich kaum durchdachten Strategie menschengemachter Globalisierung stellen wir eine Strategie der *Deglobalisierung* gegenüber, wie sie die Prozesse der Naturentwicklung in Verbindung mit biokybernetischen stofflichen, energetischen und kommunikativen Netzwerken perfekt beherrschen. Die Weiterentwicklung aller in Netzwerken verknüpften Lebewesen, die zudem in ihren lokalen Lebensräumen hochspezialisierte „technische Leistungen" vollbringen, ist nachhaltig gewährleistet.

Die perfekt an ihre Umwelt angepassten beziehungsweise sich anpassenden Teilnehmer des evolutionären Spiels der biologischen Entwicklung kennen keine strategischen oder operativen vorgegebenen Ziele zum Vorteil weniger und Nachteil vieler! Alle entwickeln sich in differenzierten und strukturierten Gemeinschaften, mit ihren Stärken und Schwächen, immer in Richtung nachhaltiger Überlebensfähigkeit.

Biokybernetik[2] oder *Biokybernetische Prozesse* – in Verbindung mit einer Strategie der *Deglobalisierung* – orientieren sich an biologischen Fähigkeiten bzw. auf Technik, Wirtschaft und Gesellschaft übertragbaren Naturprinzipien, die sich über Jahrmilliarden durch schärfste Qualitätsauslesekriterien herausgestellt und den Entwicklungslinien Stabilität und Fortschritt gegeben haben. Stabilisierende „negative" Rückkopplungsprozesse, die Nutzung vorhandener Kräfte statt neue zu generieren, ein konsequentes Kreislaufprinzip von stofflicher Verwertung oder symbiotische Lebensgemeinschaften sind einige hervorzuhebende Kennzeichen biokybernetischer deglobalisierender Prozesse und Organisationen.

Was spricht dagegen, diese langzeitbewährten, höchst effizienten Prinzipien der Natur in Prozesse unserer Technosphäre zu übertragen? Sie würden die klare Chance eröffnen, einen deutlichen, problemvorbeugenden Kontrapunkt zu setzen zu den bisherigen Strategien, die gekennzeichnet sind durch überbordende Folgeprobleme und nicht zuletzt durch einen Mangel an vernetztem Denken und Handeln.

Es sind die deglobalisierenden und trotzdem vernetzen, biokybernetischen Spielregeln der Natur, ihre Taktiken, Tricks und Raffinessen, wie es Straaß (1990) beschreibt oder wie es – an van Dieren (1985) angelehnt – die Notwendigkeit ausdrückt:

> Man sollte besser mit der Natur rechnen anstatt gegen sie.

---

[2] Biokybernetik ist ein Wissenschaftszweig der Kybernetik und weit entfernt von vergleichbaren Begriffen, die in esoterischem Zusammenhang verwendet werden.

Dadurch kann ein realistischer Bewusstseinswandel erzeugt werden, der hilft, die destruktiven Tendenzen einer kurzsichtigen fehlgeleiteten Short-term-missent-Strategie in eine vorausschauende nachhaltige Long-term-farseeing-Strategie zu transformieren.

Carl Friedrich von Weizsäcker (1987, S. 137) formulierte es vor 31 Jahren so:

> Bewußtseinswandel ist notwendig, wenn die Probleme der Lösbarkeit nähergeführt werden sollen, die sich heute einem sorgfältigen Blick als politisch unlösbar am Horizont der Zukunft darstellen.

Der außerordentliche Einfluss der Politik ist national und international unstrittig. Genauso trägt aber auch die Verknüpfung von Politik und Wirtschaft unstrittig zu globalisierenden Entwicklungen und deren Folgen bei, sodass die Notwendigkeit eines Bewusstseinswandels beide zugleich betrifft.

Bleibt noch die Erkenntnis von Kurt Tucholsky (1984, S. 111), der die gesellschaftliche Situation seiner Zeit in den 1920er-Jahren in anderem Zusammenhang als heute sah, aber deren Erkenntnisgewinn daraus ebenso auf die gegenwärtigen gesellschaftlichen Verhältnisse – ohne Einschränkung – übertragbar ist:

> … Denn nichts ist schwerer und nichts erfordert mehr Charakter, als sich in offenem Gegensatz zu seiner Zeit zu befinden und laut zu sagen: Nein.

Abstract

In Zeiten komplexer gesellschaftlicher Umbrüche, in denen unerwartete Ereignisse großen Einfluss auf die Dynamik des Geschehens besitzen, sind Voraussagen über langfristige Ziele oft zu Makulatur verdammt. Politische und wirtschaftliche Tendenzen, sich aus dem vernetzten Raum der erdweiten Globalisierung zurückzuziehen, um die eigene Stärke – welcher Art auch immer – zu fördern, sind eine hochaktuelle, durchaus sinnvolle, aber zugleich auch brisante Perspektive. Der neue Präsident der mächtigen USA Donald Trump leitete seine Präsidentschaft 2017 mit dem Slogan ein: „America first". Dahinter verbirgt sich die anspruchsvolle Vorgabe, die eigene Nation vor allen anderen zu stärken, jenseits gefestigter Globalisierungsprozesse.

Deglobalisierung ist das Schlagwort, das viele elektrisiert. Einerseits, weil die nachweislichen Folgen einer globalisierenden Wirtschaft mit Reichtum für wenige und Armut für viele verknüpft ist, andererseits weil Lebensräumen der Natur, von denen wir Menschen abhängen, unermesslichen Schaden durch unwiderrufliche Zerstörung zugefügt wird.

Globalisierung, die sich hauptsächlich als wirtschaftliche Globalisierung über Jahrzehnte etabliert hat, kann nicht *mal eben* durch eine Deglobalisierung ersetzt oder eingetauscht werden. Politische Rückzugsmanöver, bei denen Staaten sich in einer nach wie vor von Globalisierung dominierenden Welt plötzlich ihrer eigenen Stärke besinnen, und sich aus Staatenverbünden und somit auch aus globalisierenden Netzwerken zurückziehen, sind letztlich kein geeignetes Mittel, Stabilität und Nachhaltigkeit im gesellschaftlichen Kontext zu fördern.

Ein Weg aus der brisanten Gemengelage politischer und wirtschaftlicher Komplexität mit hohem Unsicherheitsfaktor und noch weit höheren Zukunftsrisiken kann die Strategie einer politischen (Deutsch 1969) – und selbstverständlich auch wirtschaftlichen bzw. gesellschaftlichen Kybernetik bzw. Biokybernetik – sein. Konkret geht es um kleine adaptive Fortschritte, die ganzheitliches vernetztes Denken und Handeln voraussetzen, aus dem eine systemstabilisierende Wirkung erwächst bzw. erwachsen kann. Biokybernetik und Deglobalisierung verfolgen ähnliche Prinzipien. Daher sind beide sehr geeignet, das Metaziel *Nachhaltigkeit* zu stärken.

Inhaltsverzeichnis

1

Einleitung

Biokybernetik und *Globalisierung* bzw. *Deglobalisierung* greifen tief in die erdumspannenden Prozesse der Natur und der Menschen ein. Es sind hervorragende Naturprinzipien, die sich über Jahrmillionen adaptiv weiterentwickelt haben. Unter schärfsten Qualitätsprüfungen entstanden und entstehen Produkte, Verfahren und Organisationen, deren Markenzeichen höchste Effektivität und Effizienz sind. Aber das alleine reicht noch nicht aus. Das Wesen dieser nachhaltigen Naturprozesse ist die überaus geschickte Vernetzung auf jeder Stufe der Weiterentwicklung. Auf diese Weise entstehen *Emergenzen* – höhere Entwicklungsstufen mit neuen Eigenschaften und Qualitäten – mit ganzheitlich optimierten Strukturen, Formen und Oberflächen, die in menschlicher Sphäre ihresgleichen suchen. Daher gilt:

> Naturprozesse wirken höchst effizient global und deglobal bzw. lokal in einem!

Es existieren keine globalen Netzwerke aus menschlicher Hand, die es mit der Ausbreitung und Spezialisierung von qualitativen und quantitativen

© Springer Fachmedien Wiesbaden GmbH, ein Teil von Springer Nature 2018
E. W. U. Küppers, *Das Ende der Nachsichtigkeit*,
https://doi.org/10.1007/978-3-658-22229-1_1

Wirkungsnetzen der Natur und ihren nachhaltigen Erfolgen im Entferntesten aufnehmen können.

Die von Menschen auf den Weg gebrachten Globalisierungsprozesse zeigen ihre speziellen Stärken in Form von Gütervermehrung, erdumspannenden Logistiknetzen, Schaffung neuer Arbeit und Arbeitsplätze, Gewinnsteigerungen und vielem mehr. Ihr herausragendes globales Kennzeichen gegenüber den vernetzten Naturprozessen ist die teils drastische Unausgewogenheit, um nicht zu sagen programmierte Einseitigkeit der Verteilung angestrebter Erfolge unter allen beteiligten Menschen. Verstärkt wird dieser Effekt durch eine anmaßende exzessive Ausbeutung natürlicher Ressourcen sowie unkontrollierte Umweltbelastungen, die den Menschen ihre eigenen Lebensräume zielsicher, Schritt für Schritt, einengen und zerstören. Daher gilt:

> Von Menschen initiierte Prozesse wirken eingeschränkt effizient, sowohl global als auch deglobal bzw. lokal!

Exkurs: Globalisierung und Deglobalisierung im evolutionsstrategischen Kontext

Die Natur kennt exzessives Wachstum, aber auch angepasstes Wachstum; Energiewandlungskaskaden, stoffverarbeitende Prozesse und „intelligente" weil höchst werthaltige Kommunikation von Individuen innerhalb ihrer Art und artübergreifend. Die vielfach fälschlich wiedergegebene Interpretation von Charles Darwins[1] (1809–1882) evolutionärer Erkenntnis „survival of the fittest", als ein *Überleben des Stärksten, des Größten* oder *des Schnellsten* wird im Sprachgebrauch von Politik, Wirtschaft und Gesellschaft nach wie vor praktiziert. Konfrontation statt Kooperation ist das oft zu beobachtende Resultat. Wenn es doch zu Kooperationen kommen sollte, bleibt vielfach als Essenz ein kurzsichtiger „fauler Kompromiss" übrig. Weltweite Globalisierung bildet oft das Rahmengerüst für derartige Übereinkünfte mit dem Ziel, schnelles Wachstum und politische wirtschaftliche Macht zu generieren. Nicht selten sind damit auch erhebliche Folgekosten verbunden, die der Gesellschaft und somit unbeteiligten Bürgern – nicht aber den Verursachern – aufgebürdet werden.

---

[1] Original: Darwin, Ch. (1859) On the origin of species by means of natural selection, or the preservation of favoured races in the struggle for life. John Murray, London

Im Gegensatz dazu führt die korrekte Interpretation von „survival of the fittest", als *Überleben des Geschicktesten* zu einem völlig anderen Standpunkt und Fortschrittsperspektive. Politik, Wirtschaft und Gesellschaft werden dadurch angeleitet, Netzwerke von Kooperationen zu schaffen, innerhalb der Teilnehmer ihre Geschicklichkeit – welcher Art auch immer – zur Stärkung des Fortschrittes für alle einsetzen. Daraus ergeben sich mehr *echte* Kompromisse als Konfrontationen, die Nachhaltigkeit, Fehlertoleranz und Folgenvermeidung stärken. *Vernetzte Deglobalisierung* wäre ein geeigneter Leitgedanke, dem nachzueifern nachhaltigen Erfolg für viele statt für wenige verspricht.

Wer die Natur beherrschen will, muss ihre Regeln beachten! Der englische Politiker und Naturwissenschaftler Francis Bacon (1561–1626) erkannte dieses grundlegende Überlebensprinzip vor 400 Jahren. Heute scheinen sich die Menschen, in deren politischer, wirtschaftlicher und gesellschaftlicher Macht es steht, sich Bacons Weitsicht zu nähern, weiter denn je davon zu entfernen. Der Tenor dieses Buches kann deshalb nur lauten:

Erkenne die entscheidenden Wirkungsmechanismen und Prinzipien von Globalisierung und Deglobalisierung. Nutze konsequent, langzeitbewährte biokybernetische Instrumente der Natur für nachhaltige Prozesse zur Stärkung der Lebens- und Arbeitsqualität aller Menschen.

Um es auf den Punkt zu bringen: Das Ende der Nachsichtigkeit einer kausal gesteuerten ökonomischen Globalisierung wird auf adaptivem Weg in eine *geschickt vernetzte dezentrale Konzentration* gelenkt. Das bedeutet: Dezentrale Prozesse, mit selbstorganisierten Strukturen, werden über energetische, stoffliche und kommunikative Transportmechanismen höchst wirksam miteinander verbunden. Dadurch entstehen deglobalisierende Produktionseinheiten, deren gemeinsames primäres Ziel die Umkehr des risikoreichen Globalisierungsziels Wachstum- und Gewinnmaximierung ist: ein robustes, fehlertolerantes, risikovorbeugendes und nachhaltiges adaptives Wachstum einschließlich ökonomischer Vorteile.[2]

---

[2] Geplant ist, in einem weiteren Buch mit Praxisbeispielen bevorzugt auf die Abläufe einer deglobalisierenden, geschickt vernetzten dezentralen Konzentration einzugehen.

Denken ist in diesem Zusammenhang eine Metaqualität der Menschen. Bei allen Schwierigkeiten anstehender Arbeiten, die den vorab genannten Tenor des Beitrages mit Inhalten füllen, sollte auch Georg Christoph Lichtenbergs (1742–1799) *Blick auf die Dinge* berücksichtigt werden:

> Man sollte nie so viel zu tun haben, dass man zum Nachdenken keine Zeit mehr hat.

2

Die Wirkmächtigkeit des Perspektivwechsels

Es ist unstrittig, dass gesellschaftliche Weiterentwicklung innerhalb eines zunehmend komplexen bzw. hochkomplexen Geflechtes aus individuellen und gesellschaftlichen Verbünden, sofern sie sich dem Ziel Nachhaltigkeit unterwerfen, angepasste Strategien des Fortschritts praktizieren müssen. Angepasste Strategien sind deshalb erforderlich, weil die Dynamik der komplexen Systeme es erfordert, sich immer wieder neu auf eine sich verändernde Umwelt einzustellen, um daran neu ausgerichtete Zielkorrekturen für den Fortschritt vornehmen zu können. Zum Beispiel führt das industrielle Festhalten an einem Standpunkt, einem Produkt oder einem Verfahren, von dem bislang erfolgreiche Entwicklungen ausgehen, obwohl neue Trends oder Ziele bereits ihre Wirkung zeigen, letztlich zu einem Rückschritt, Stillstand oder zur Zerstörung des lokalen bzw. globalen unternehmerischen Systems. Es bedarf großer Anstrengungen und Mittel, durch zusätzliche Aufwendungen verloren gegangenes Wachstumsterrain und Fortschritt wieder aufzuholen. Für den Kampf ums Dasein in einer globalisierenden Welt existieren unzählige Beispiele für einen Mangel an Anpassungsfähigkeit. Stellvertretend stehen hierfür das finnische Unternehmen Nokia als Hersteller und ehemaliger Marktführer für mobile Telefone, dass den Trend zu Smart

© Springer Fachmedien Wiesbaden GmbH, ein Teil von Springer Nature 2018
E. W. U. Küppers, *Das Ende der Nachsichtigkeit*,
https://doi.org/10.1007/978-3-658-22229-1_2

Mobile Phones, wie es das Unternehmen Apple mit dem iPhone angestoßen hat, verpasste. Ein weiteres Beispiel ist das Unternehmen Kodak, das den Trend von analoger zu digitaler Bildbearbeitung regelrecht verschlief.

Provokant könnte man den Managern beider Unternehmen – stellvertretend für viele andere – auch mit den Worten des Mathematikers David Hilbert antworten, dass ihr praktizierter unternehmerischer Weitblick auch durch einen Standpunkt mit dem Radius Null beschrieben werden kann. Diese mathematisch umschriebene Behauptung für ein unflexibles und somit höchst risikoreiches Verhalten wird in der realen Umwelt schon dadurch ad absurdum geführt, dass alle Lebewesen der Natur sich nur durch Anpassung an ihre komplexe dynamische Umwelt behaupten und weiterentwickeln können. Der Mensch ist hier die unrühmliche Ausnahme.

Welche Fortschrittsstrategie (Abb. 2.1) mit ihr innenwohnenden Prinzipien ist demgegenüber besser als Vorbild geeignet, sich in dem komplexen politischen, wirtschaftlichen und gesellschaftlichen Wirkungsnetz, nachhaltig und problemvorbeugend zu entwickeln, wenn nicht die seit

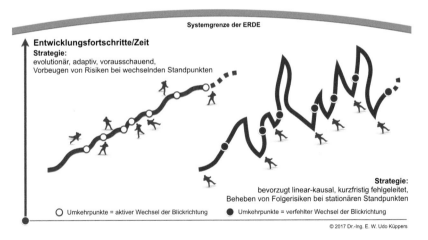

Abb. 2.1 Evolutionäre adaptive Entwicklungsstrategie in einem dynamischen komplexen Umfeld und wechselnden Standpunkten gegenüber von Menschen bevorzugten Entwicklungsstrategien mit hohem Risikopotenzial und vorzugsweise stationärem Standpunkt (siehe hierzu auch die weiter unten aufgeführten fünf Reisen durch die globalisierende Welt)

Jahrmilliarden, in einem dynamischen Umfeld biokybernetischer Prozesse, bewährte Strategie evolutionärer Anpassung?

2.1 Kybernetik und Biokybernetik

2.1.1 Kybernetik

Mitte des 20. Jahrhunderts, 1948, erschien von Norbert Wiener, der als einer der „Väter" der Kybernetik gilt, das Werk: Cybernetics or control and communication in the animal and the machine (Deutsch 1963: Kybernetik – Regelung und Nachrichtenübertragung im Lebewesen und in der Maschine). Kybernetik leitet sich vom griechischen *kybernetes* – der Steuermann – ab.

„Kybernetische Systeme weisen allgemeine Merkmale wie *Regelung, Informationsverarbeitung und -speicherung, Adaption, Selbstorganisation, Selbstreproduktion, strategisches Verhalten* u. a. auf" (Klaus und Liebscher 1976, S. 319). Die Entwicklung der Kybernetik in anderen Disziplinen wie Psychologie, Philosophie, Medizin oder Wirtschaftswissenschaften sei nur am Rande erwähnt.

Worauf zielt die kybernetische Entwicklung? Sie versucht Strukturen und Funktionen dynamischer Systeme, also verschiedene Arten von Bewegungsformen der Materien, die in der Natur weit mehr als in der Technik zu finden sind, mathematisch zu beschreiben und zu modellieren. „Insofern deckt die Kybernetik Gesetzmäßigkeiten (kybernetischer) dynamischer Systeme auf, die für mehrere Bewegungsformen […] gelten können" (Klaus und Liebscher 1976, S. 319 f.).

Ohne den geringsten Zweifel ist in der evolutionären Natur der Ursprung kybernetischer Systementwicklungen zu finden, die bis heute mit höchster Effektivität und Effizienz wirken. Biologische Regelungs- bzw. Kreislaufprozesse, die ineinandergreifen und auf diese Weise Störeinflüsse geschickt austarieren – streben nach einem thermodynamischen Gleichgewicht –. Es sind, wie Vester (1985, S. 54) schreibt, „[…] Impulsvorgaben zur Selbstregulation, Antippen von Wechselwirkungen zwischen Individuum und Umwelt, Stabilisierung von Systemen und

Organismen durch Flexibilität, Nutzung vorhandener Kräfte und Energien und ständiges Wechselspiel mit ihnen."

2.1.2 Biokybernetik

Biokybernetische Entwicklungen verbinden beispielsweise Erkenntnisse aus biologischen Regelungsprozessen mit der Kybernetik. Jedoch führen weder kybernetisch interpretierte, rein biologische Einsichten noch biologisch interpretierte, rein kybernetische Einsichten zu einem werthaltigen Ziel. „Kybernetisches und biologisches Herangehen im biokybernetischen Erkenntnisprozess sind vielmehr untrennbar miteinander verbunden" (Klaus und Liebscher 1976, S. 322).

Daraus folgt auch, dass Entscheidung tragende, politische, wirtschaftliche bzw. gesellschaftliche *Steuermänner* immer integraler Teil eines von ihnen betrachteten Systems sind. Sie spiegeln sozusagen die *Kybernetik erster Ordnung* wider, weil ihre Aktionen als Teil eines Systems durch den „blinden Fleck" ihrer Beobachtung und Aktivitäten immer unvollständig bleiben. Erst die Beobachtung ihrer – der „*Steuermänner"*–Beobachtung, einschließlich ihrer Aktivitäten – *Kybernetik zweiter Ordnung* – vervollständigt den ganzheitlichen Blick und die daraus erwartbaren Fehler vorbeugenden Lösungen von Aktionen.[1] Darin spiegelt sich auch der Gedanke eines vernetzten Vorgehens bei der Entwicklung komplexer, Disziplin übergreifender Lösungen wider; genauso, wie es im Rahmen globalisierender und deglobalisierender Strategien stattfindet. Das bedeutet:

Angesichts immer höherer Komplexität und wachsender Informationsflut (Stichwort Digitalisierung, Internet der Dinge, „Industrie 4.0", d. A.) gelingt unserer Zivilisation eine Evolution nur bei einer weit größeren Kenntnis

---

[1] Der Begriff „Kybernetik zweiter Ordnung" oder „Systemtheorie zweiter Ordnung" geht auf den Physiker Heinz von Förster (1911–2002) zurück. Kurz: Beobachter und Handelnde eines Systems, die selbst Teil des Systems sind, z. B. Politiker, die Politik einer Gesellschaft gestalten wollen, müssen bei ihrer Beschreibung des Systems (z. B. Gesellschaft) und ihren darin tätigen Handlungen immer mit einbezogen werden.

von Systemzusammenhängen und kybernetischen Gesetzmäßigkeiten, als es uns die monokausale Sicht unserer bisherigen Ausbildung vermitteln kann. Da die gängigen Planungsmethoden als Entscheidungshilfen für ein nachhaltiges Wirtschaften überfordert sind, benötigen wir eine Schulung in *Mustererkennung*, um komplexe Probleme schon mit wenigen Ordnungsparametern zwar unscharf, aber gleichwohl richtig erfassen zu können (Vester 1999, S. 99).

Diese Art Schulung muss bereits in den unteren Bildungseinrichtungen ansetzen und sich kontinuierlich zur höchsten erweitern. Stand noch im 20. Jahrhundert an den Portalen der Gymnasien der Leitspruch:

Nicht für die Schule – für das Leben lernen wir,

so ist das Lernen von Inhalten im heutige Bildungsspektrum – wie zahlreiche Bildungsstudien (u. a. der Bertelsmann-Stiftung[2]) offenbaren – für neue Herausforderungen im digitalisierenden und anthropozänen Zeitalter[3] nur marginal gewachsen. Fächer für musisches und künstlerisches Gestalten sind fast gänzlich aus den Schulen verschwunden. Technik, Informatik, Wirtschaft, Globalisierung, Ökologie, soziale Selbstorganisation, Digitalisierung, Roboter und weitere zukünftige Herausforderungen, die das gesellschaftliche Leben deutlich mitbestimmen, sind nur Randerscheinungen im Bildungsbereich einer oft politisch ausgerufenen „Bildungsnation Deutschland"!?

Die neue Sichtweise verlangt ein Modell, aufgrund dessen die Erkennung, Steuerung und selbstständige Regelung ineinandergreifender vernetzter Abläufe transparent wird. [...] Probleme werden möglichst nicht direkt, sondern auf dem Umweg über die Systemkonstellation gelöst; dabei sind flankierende Maßnahmen oft wirksamer als manche Hauptmaßnahme (Vester 1999, S. 110).

---

[2] https://www.bertelsmann-stiftung.de/de/themen/bildung-verbessern/ (Zugriff: 18.12.2017).

[3] Mit Anthropozän wird ein erdgeschichtliches Zeitalter, eine geochronologische Epoche (Beginn ca. 1950) beschrieben, in der der Mensch maßgebend Einfluss auf geologische, biologische und atmosphärische Prozesse der Erde nimmt. Zunehmende Auswüchse wie Klimawandel, Starkregen und Stürme, lange Trockenperioden, Meeresverunreinigungen etc. sind nicht wegzuwischende Fakten von Katastrophen, an deren Entstehung Menschen zunehmend beteiligt sind. Der Begriff Anthropozän wurde durch den niederländischen Meteorologe Paul J. Crutzen und dem Biologen Eugene F. Stoermer (erstmals von ihm in den 1980er-Jahren benutzt) ab 2000 populär.

Ein Modell der vorab zitierten Art wird unter Punkt 3 *Biokybernetische Deglobalisierung* betrachten.

2.2 Globalisierung und Deglobalisierung

2.2.1 Vorbemerkung

Um einer Deglobalisierung, das heißt einem Rückzug aus Integrationstendenzen der Weltwirtschaft, eine vernünftige Basis und Orientierung zu geben, die gegenwärtig in vielen Facetten diskutiert und praktiziert wird, sollte klar sein, was Globalisierung – wenn auch nur in Ansätzen – bedeutet.

Globalisierung und *Deglobalisierung* ziehen an einem Strang, nur an verschiedenen Enden. Beide wollen das Beste für die Erde und die Menschen – die im Strang *verwurzelt* sind – aus der jeweiligen bevorzugten Sicht auf die Dinge. Abb. 2.2 zeigt symbolisch den Zustand dieses Wettkampfes, der von einer Minderheit ökonomisch finanzstarker Kräfte gesteuert wird.

Globalisierung

Deglobalisierung

Foto Erde: NASA.gov   © 2017 Dr.-Ing. E. W. Udo Küppers

Abb. 2.2   Ungleicher Kampf zwischen Globalisierung und Deglobalisierung, symbolisch ausgedrückt durch die Stärke der Zugseile

Wann konkret damit begonnen wurde, politische, wirtschaftliche, soziale oder kulturelle Strategien und Entwicklungen länderübergreifend miteinander zu verbinden, um wirtschaftliche Prosperität zu erhöhen, ist nicht bekannt. Uralte Kulturen in Südamerika, Mittelamerika, Afrika und Asien, die vor Tausenden von Jahren entstanden und regen Wirtschaftshandel – aber auch Kriege – über ihren begrenzten Lebensraum mit Nachbarvölkern betrieben, können als Vorläufer heutiger Globalisierungstendenzen genannt werden. Die Art und Weise, wie konkret Globalisierung vonstattengeht, hat sich über die Jahrtausende deutlich verändert.

Von der Vielfalt des persönlichen Handel- und Warentausches, mit dem früher noch weit mehr kulturelle Werte verbunden waren, als die reine Abwicklung des Handelsgeschäfts, ist heute oft nur ein steriler Akt des „Return-Button“-Drückens auf der Tastatur eines Computers übrig geblieben, der eine weltweite Transportmaschinerie in Gang setzen kann. Schiffe voller Container fahren, von Autopiloten gesteuert, rund um den Globus. In Häfen werden sie durch vollautomatische Krananlagen beladen und entladen, wobei Waren anschließend über weitere Transportwege bis zu Endverbrauchern weitergeleitet werden. Saisonfrüchte stehen zu allen Jahreszeiten zur Verfügung und auf dem Tisch, weil es Verbraucher in wirtschaftlich entwickelten Ländern so wollen, auch dies ist ein greifbares, nicht unumstrittenes Ergebnis weltweiter Globalisierung.

Die internationalen Finanz- und Wirtschaftsbeziehungen, ohne deren politische gesellschaftliche Verknüpfungen im Detail zu hinterfragen, zeigt Abb. 2.3 als Verflechtung des Welthandels im Jahr 2015. Nahezu sieben Jahre nach dem weltweiten Kollaps des Finanzsektors prosperieren die ehedem dominanten Erdregionen Europa, Nordamerika und Asien aufs Neue. Vielfach hat sich die globale Abhängigkeit sogenannter Entwicklungsstaaten, besonders auf dem Kontinent Afrika, noch deutlich verschlechtert. Trotz gelegentlicher Fortschritte internationaler UN-Anstrengungen – UN, United Nations – wie beim ersten von acht Millenniumzielen: „Beseitigung der extremen Armut und des Hungers“, der bis 2015 halbiert werden sollte (http://de.wfp.org/hunger/die-millenniumsentwicklungsziele, Zugriff: 25.11.2017), bleibt die erschreckende Erkenntnis des Versagens zurück. Auf den Punkt bringt es David

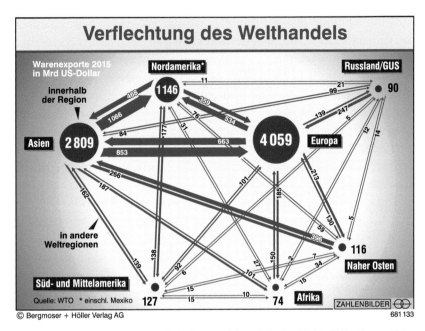

Abb. 2.3 Verflechtung des globalen Welthandels in 2015. (Mit freundlicher Genehmigung der Bergmoser + Höller Verlag AG)

Beasley, der seit April 2017 das Welternährungsprogramm der UN leitet, mit folgender Aussage (Beasley 2017):

> Im Südsudan (einer der schlimmsten Hungerregionen in Afrika und weltweit, d. A.) kostet schon ein Bohneneintopf viel mehr, als ein einfacher Mann im Schnitt am Tag verdient. Das ist so, als müsste ein New Yorker 321 Dollar für sein Mittagessen ausgeben.

Ein weiterer Standpunktwechsel zu *Globalisierung und Deglobalisierung* führt ins Internet. Würden wir die Anteile beider Begriffe der Internetsuchmaschine von google.com vorbehaltlos zugrunde legen, wäre der Sieger längst gekrönt: Mit 6.170.000 Ergebnissen zu Globalisierung und 29.100 Ergebnissen zu Deglobalisierung beträgt der Vorsprung von Globalisierung vor Deglobalisierung circa das 212-Fache. Mit den englischen Begriffen "globalization" (51.500.000 Ergebnisse) und "deglobalization" (434.000 Ergebnisse) würde das Ergebnis zugunsten der Globalisierung dieselbe Größenordnung besitzen (Zugriffe 25.11.2017).

Allgemeine Daten und Fakten in großer Fülle, die den symbolischen Kampf beider Begriffe um die Deutungshoheit in Abb. 2.3 untermauern, sind dem periodisch erscheinenden *Atlas der Globalisierung* von Le Monde diplomatique (2015) zu entnehmen. Neben Daten über eine bedrohte Umwelt, einer neuen Geopolitik und weiterhin ungelöste weltweite Konflikte wird auch den Gewinnern und Verlierern der Globalisierung mit differenzierten Argumenten breiten Raum gegeben.

Der vorab genannte nummerische Vergleich ist nur ein weiteres – zugegeben – schwaches Argument eines Zahlenvergleichs und würde alleine natürlich nicht ausreichen, um den Stellenwert beider Begriffe und die damit verbundenen Handlungen – und Unterlassungen – qualitativ und quantitativ zu bewerten. Daher nähern wir uns den Begriffen, ausgehend von einem weiteren differenzierteren Standpunkt mit anderer Blickrichtung.

2.2.2 Globalisierung

Globalisierung ist ein Prozess weltweiter, scheinbar grenzenloser Angleichung wirtschaftlicher Systeme; ein Prozess fortschreitender Arbeitsteilung, der ebenso auf ökologische und soziale Umfelder ausstrahlt. Der Abbau zwischenstaatlicher Handelsschranken führt zum weltweiten Einsatz des Produktionsfaktors Kapital. Neue, grenzüberschreitende Informations- und Kommunikationstechnologien – I&K-Technologien – fördert die Wirtschaftsstrategie, mit der dort produziert wird, wo die größte Rentabilität für Produkte, Verfahren und Dienstleistungen realisiert werden kann. Dies wiederum fördert in nicht unerheblichem Maß den Wettbewerbsdruck zwischen den einzelnen Unternehmen, mit erheblichen Auswirkungen auf Arbeitsplatz-Stabilität, -Sicherheit und Gesundheitsschutz.

Nationale Sozialpakte zwischen Arbeitgeber und Arbeitnehmer werden außer Kraft gesetzt. Staatliche Gesetze werden durch Strategien, z. B. Steuerstrategien zur Gewinnmaximierung weltweit wirkender Konzerne durchlöchert. Hinzu kommen erhebliche Umweltschäden durch produktionstechnische Prozesse in „Billiglohnländern" wie in Afrika (Monokulturen von Blumenzucht mit Auslaugung einst fruchtbarer

Böden, Ausbeutung von Rohstoffquellen wie seltene Erden, ohne die kein mobiles Telefon funktionieren würde) und in Asien (Billigmontage von mobilen Telefonen, Herstellung von Textilien unter unwürdigen sozialen, ökonomischen und gesundheitsgefährdenden Bedingungen) für Abnehmer in Industrieländern wie Europa und Amerika. Ergänzt werden die Umweltschäden durch stetig steigende Gütertransporte, insbesondere Schiffs- und Flugzeugfrachten, rund um den Erdball (fossile Antriebsstoffe, mit hohem Potenzial, Wasser und Luft zu verunreinigen und zur Klimazerstörung beizutragen, exorbitante Energieverbräuche u. a. m.).

Die ökonomische Gier nach permanentem Wachstum (Altvater 2015a, b; Dietz 2015), Gewinn und Einfluss (Deutschmann 2015) einerseits und Armut und Angst als soziale Treiber andererseits (Butterwegge et al. 2016; Butterwegge 2016) haben zunehmend zu einem Ungleichgewicht zwischen Habenden und Nichthabenden geführt. Regierungen, insbesondere in Industrienationen, spielen hierbei eine unheilvolle Rolle!

> Kleiner Rückblick in die Zeit des „Wirtschaftswunders" in Deutschland ab den 1950er Jahren. Das ökonomische Ungleichgewicht der Habenden und Nichthabenden wurde bereits in den Nachkriegsjahren befeuert. Es konnte zu dieser – und wohl auch heutiger – Zeit kaum besser auf den Punkt gebracht werden, wie es das damals populäre Hazy-Osterwald-Sextett in dem Konjunktur-Cha-Cha-Lied präsentierte. Markant Textzeilen daraus sind: „Gehn´n sie mit der Konjunktur, geh´n sie mit auf diese Tour, nehm sie sich ihr Teil sonst schäm´sie sich und später geh´n sie nicht zum großen Festbankett. [...] Man ist was man ist nicht durch den inneren Wert, den kriegt man gratis wenn man Straßenkreuzer fährt, man tut was man tut nur durch den Selbsterhaltungstrieb, denn man hat sich nur selber lieb. [...] Laufen sie, wenn´s sein muss raufen sie und dann verkaufen sie mit Konjunkturgewinn. [...] Geld das ist auf dieser Welt der einz´ge Kitt der hält wenn man davon genügend hat."

Im Politiklexikon (Schubert und Klein 2016) wird unter *Globalisierung* auch der Abbau politisch gesetzter Handelsschranken zwischen den Staaten verstanden. Mit neuen, grenzenlos anwendbaren Kommunikationstechnologien wird zudem in solchen Staaten produziert, die „[...] höchste Kostenvorteile bieten. Kennzeichnend für die Globalisierung ist, dass diese

Kostenvorteile nicht nur für jedes Endprodukt (z. B. Fotokameras aus Singapur) gesucht werden, sondern für (nahezu) jedes Einzelteil, aus dem das Endprodukt besteht (bei einem Automobil z. B. von einzelnen Schrauben über einzelne Karosserieteile und den Motor bis zu ganzen Baugruppen etc.)."[4] Der Prozess der Globalisierung stärkt und erhöht somit entscheidend den Wettbewerbsdruck der Unternehmen untereinander, mit deutlichen Auswirkungen auf die Stabilität und die Sicherheit der Arbeitsplätze.

In der Einführung zu seinem Buch mit dem Titel *Globalisierung* beschreibt Eckart Koch (2014) ein praktisches Beispiel von globalisierenden Prozessen, das stellvertretend für unzählige steht und einen charakteristischen Verlauf von Waren und Kapital rund um den Erdball wiedergibt:

> Ein großes Unternehmen der Sportartikelbranche, das seinen Sitz in Seattle, USA, hat, lässt seine Sportschuhe überwiegend in eigenen Unternehmen in China, Indonesien, Brasilien und der Ukraine produzieren. Die Maschinen, auf denen die Schuhe hergestellt werden, stammen vorwiegend aus Deutschland und Japan. Das Rechnungswesen wird in Indien abgewickelt und per Standleitung in die amerikanischen Computer übernommen. Die letzte weltweite Werbekampagne wurde von drei Firmen aus Südafrika, Argentinien und Hongkong entwickelt und schließlich in Portugal produziert (Koch 2014, S. 3).

Aus *volkswirtschaftlicher* Sicht kann Globalisierung daher gesehen werden als eine Verstärkung und Intensivierung der ständigen Versuche, den Einsatz der Produktionsfaktoren zu optimieren, der immer weniger durch nationale Grenzen gebremst wird, und daher in beständig zunehmendem Maße auf die globale Ebene verlagert wird. Aus *betriebswirtschaftlicher* Sicht wird Globalisierung zum Sammelbegriff für die globale Ausweitung sämtlicher einzelwirtschaftlicher Aktivitäten der nunmehr "global player" avancierten Unternehmen. Es geht hierbei um "global selling", das durch "global marketing" und "global sourcing", also durch globale Beschaffungsstrategien, gefördert und unterstützt wird und sich durch die Nutzung der weltweit günstigsten Produktionsmöglichkeiten durch Produktionsverlagerung,

---

[4] http://www.bpb.de/nachschlagen/lexika/politiklexikon/17577/globalisierung (Zugriff: 06.12.2016).

durch "outsourcing" und "offshoring", sowie durch grenzüberschreitende *mergers and acquisitions* (M&A) – Unternehmensfusionen und -käufe, d. A. – beschleunigt (Koch 2014, S. 4).

Aufgrund der genannten Argumente zur Globalisierung lässt sich die Entstehung der wirtschaftlichen Globalisierung, die auch zukünftig noch deutliche Spuren ihres Wirkens zeigen wird, nach Koch (2014, S. 4) u. a. durch folgende Merkmale beschreiben:

- rasches Wachstum des internationalen Handels;
- Internationalisierung der Märkte für Güter und Dienstleistungen;
- zunehmend kostengünstige Produktionsstätten im Ausland;
- Internationalisierung der Produktion;
- transnationale Unternehmen;
- weltweit ungleiche Arbeitssituationen und Entwicklungsbedingungen, dadurch hohe Arbeitslosigkeit hier und Arbeitskräftemangel dort;
- Beschleunigung der internationalen Migration mit Entstehung internationaler Arbeitsmärkte;
- eingeschränkte Mobilität der Mehrzahl von Arbeitskräften auf niedrig qualifizierte Jobs; in Niedriglohnländern bzw. aus Ländern mit niedrigen Sozialstandards;
- Internationalisierung der Finanzmärkte mit sprunghaftem Wachstum internationaler Finanztransaktionen – trotz mehrerer Finanzkrisen – auf 4 Billionen US-Dollar.

Für den zuletzt gelisteten Punkt ist ein imponierender Vergleich interessant: Nach Recherchen von Jacobs (2016) liegt das Beteiligungskapital der zwei größten Finanzfirmen der Erde, Vanguard und Blackrock, alleine schon bei circa 4,7 Billionen US-Dollar. Damit könnten beide Finanzunternehmen den Wert der 2017 in Deutschland erwirtschafteten Güter und Dienstleistungen – Bruttoinlandsprodukt, BIP – von circa 3,263 Billionen US-Dollar unter sich aufteilen und zudem noch deutlich übertreffen![5]

---

[5] https://www.destatis.de/DE/Publikationen/WirtschaftStatistik/2018/01/Bruttoinlandsprodukt 2017_012018.pdf?__blob=publicationFile (Zugriff: 19.7.2018)

2.2.3 Fünf Reisen durch die globalisierende Welt

Fünf Reisen durch die globalisierende Welt bringen erhellende Einblicke in deren Zustand, so wie die Reise nach Indonesien zu *Dreckiger Zement* (Keller und Klute 2016):

▶ **Reise eins: Dreckiger Zement**
Auf der ersten Reise nehmen uns Anett Keller und Marianne Klute mit in das Reich des *dreckigen Zements* und dem globalen Arrangement von Unternehmen der Zementherstellung, mit vernetzten Nebenwirkungen für Menschen, Gesellschaft und Umwelt.

Fertigungstechnisch gesehen ist Zement als Bindemittel ein wichtiger Bestandteil von Beton. Dieser wird wiederum aus den Grundstoffen Eisenerz, Kalkstein, Lehm und Sand gebrannt. In einem energieverzehrenden und aufwendigen Prozess werden diese Stoffe auf 1450 °C erhitzt – gesintert – gekühlt und schließlich zermahlen. Sintern ist ein Verfahren zur thermischen Herstellung und Veränderung von Werkstoffen.

> Weltweit wird heute (2016) jährlich dreimal so viel Zement hergestellt wie im Jahr 2001. Das liegt vor allem an der massiven Bautätigkeit in China, wo die Hälfte (2,36 von 4,6 Milliarden Tonnen) der global produzierten Zementmenge verbraucht wird. [...] Zementwerke gelten als Dreckschleudern, denn jeder Einzelschritt der Herstellung belastet die Umwelt erheblich: Für die Gewinnung des Kalkgesteins in Steinbrüchen werden Berge abgetragen, Ökosysteme und Wasserkreisläufe zerstört. Bei der Herstellung gelangen Staube und giftige Gase in die Umwelt. [...] Ein wichtiges Herstellerland ist Indonesien. [...] Den indonesischen Markt beherrschen bisher vor allem drei Produzenten: der staatliche Konzern Semen Indonesia mit über 45 Prozent Marktanteil (Stand 2013), gefolgt von Indocement, bei dem die deutsche HeidelbergCement5 mit 51 Prozent Mehrheitseigner ist (31 Prozent Marktanteil), und Holcim Indonesia (14 Prozent) [...] (Keller und Klute 2016).

HeidelbergCement besitzt einen weltweiten Zugriff auf den Rohstoffabbau für Zement. In Tabligbo, Togo, Afrika, baut zum Beispiel HeidelbergCement laut Geschäftsbericht[6] (2016, S. 106) praktisch zeitgleich

---

[6] http://www.heidelbergcement.com/de/geschaeftsbericht-2016-bilanzpressekonferenz-analystentelefonkonferenz (Zugriff: 18.12.2017).

mit dem Rohstoffabbau eine Baumschule auf, die als Rekultivierungs-
arbeiten für spätere Nutzungsflächen für die Bevölkerung bereitgestellt
werden. Gleichzeitig kommuniziert HeidelbergCement für das Jahr 2016
„Sonstige umweltbezogene Rückstellungen" (ebd. S. 244) in Höhe von
177,2 Millionen Euro gegenüber 64,4 Millionen Euro im Vorjahr, eine
Steigerung von nahezu dem Faktor drei. Höhere umweltbezogene Rückstellungen bedeuten in der Regel vorangehende höhere Umweltzerstö-
rungen. Denn der Rohstoff für Zement liegt unter Bergen verborgen, die
mit technischen Geräten abgetragen werden müssen, wie Abb. 2.4 zeigt.
Gegenüber den deutschen Rohstoffabbaugebieten für Zement besitzen
Länder wie Indonesien, Thailand, Togo, DR Kongo und andere Entwicklungsländer jedoch einen deutlich höheren Artenreichtum, dessen Wert
für die Natur und uns unschätzbar ist und auch durch noch so intensive
Rekultivierungsmaßnahmen nicht ansatzweise wiederhergestellt werden
kann. Nicht selten sind ganze Dörfer samt Einwohner betroffen und
Opfer von Umweltzerstörung durch Rohstoffabbau (Groneweg 2017).

Ähnliche Naturzerstörungen durch Rohstoffabbau, ob im Steinbruch
für Zement (Abb. 2.4) oder in heimischen Braunkohlegebieten für
fossile Energieträger sind auch in Deutschland vorhanden. Gegenüber

Abb. 2.4 Zement: unverzichtbarer anorganischer und nichtmetallischer Baustoff
oder auslaufendes Schüttgut im Zeichen neuer additiver Fertigungstechniken
durch 3D-Druckprozesse? Rohstoffabbau für Zement im Steinbruch Lengfurt,
Deutschland. (©HeidelbergCement mit freundlicher Genehmigung)

Deutschland und seinen relativ strengen Umweltauflagen sind Entwicklungsländer in Afrika oder Asien, ohne strenge Umweltauflagen durch multinationale Konzerne wie HeidelbergCement sicher leichter zu überzeugen, den umweltzerstörenden, teils biodiversitätsreichen Natur in Rohstoffabbaugebieten wenig Widerstand entgegenzusetzen. Keller und Klute (2016) schreiben – bezogen auf Indonesien aber sicher auch bezogen auf andere asiatische und afrikanischen Länder mit reichen Rohstoffvorkommen – dazu:

> Die letzte Entscheidung über die Nutzung der Landschaft liegt bei den Konzernen und lokalen Potentaten. [...] Der Streit über die Industrieansiedlung und die Verheißung schnellen Geldes trägt aber auch Streit in die Familien und sät Feindschaft in den Dörfern. Und die Maßnahmen, die das Unternehmen als Ausdruck seiner Corporate Social Responsibility[7] (CSR) anpreist, sind für Kritiker lediglich Versuche, die Leute zu bestechen, damit sie dem Zementhersteller ihr Land abtreten.

▶ **Reise zwei: Das große Uran-Komplott**
Eine zweite Reise führt nach Frankreich und Afrika und blickt auf *Das große Uran-Komplott* (Branco 2016):

> Wie ein blutroter Strich zieht sich die Straße aus glutheißem Lateritstein durch die grüne Landschaft. 134 Kilometer Piste, vergessen von der Zeit und von der Welt, verbinden die Stadt Bangassou mit dem Dörfchen Bakouma (Zentralafrikanische Republik, d. A.). Die Straße wurde vor fünf Jahren mithilfe riesiger Maschinen im Rekordtempo gebaut. Damals verhieß sie der Zentralafrikanischen Republik, einem der ärmsten Länder der Welt, einen ökonomischen Entwicklungsschub, den Straßenarbeitern ein Stück Wohlstand und Frankreich eine Energiequelle für hundert Jahre.

---

[7] Der Begriff *corporate social responsibility* verweist auf eine Unternehmensführung, die neben den eigentlichen ökonomischen Zielen ebenso Verantwortung für Nachhaltigkeit und soziale Verantwortung trägt.

Gegenüber Deutschland, das durch seine „Energiewende" 2011 den Abbau von Kernenergiestrom im eigenen Land einerseits eingeläutet hat (Küppers 2013, S. 190–209), andererseits aber – mangels Energieversorgungsengpässe – „Atomstrom" aus Frankreich bezieht, setzt Frankreich nach wie vor auf eine kernenergetische Wandlung für die Stromversorgung im eigenen Land und als Exportgut. Frankreich wandelt laut Aussagen der World Nuclear Association[8] 2016 nahezu 75 % des elektrischen Stroms aus Kernenergieanlagen und besitzt somit den höchsten prozentualen Anteil weltweit. Demzufolge benötigt Frankreich nach wie vor ausreichend Uranerz aus Afrika (Abb. 2.5) und Asien zur Weiterverarbeitung.

> [...] 2007 hatte der französische Konzern (Areva, d. A.) das Unternehmen UraMin gekauft, das seit 2006 die Schürfrechte für Bakouma besaß [...]. Die „Entdeckung" riesiger Uranvorkommen im Osten der Zentralafrikanischen Republik hatte so große Hoffnungen geweckt, dass der damalige Staatspräsident, General François Bozizé, von Areva ein Atomkraftwerk verlangte. Das sollte direkt neben dem Dorf entstehen, das bis dahin weder mit Trinkwasser noch mit Strom oder Telefonanschlüssen versorgt war. [...] Doch der große Traum verwandelte sich bald in den üblichen Albtraum der Globalisierung (Branco 2016, 10)

Dieser Albtraum zeichnet sich nach Branco durch einen relativ geringen Monatslohn von 70 Euro bei einem 13 Stunden Arbeitstagt in brütender Hitze – ohne Mittagspause aus. Allgegenwärtig war die Gefahr radioaktiver Strahlung. Gegenüber den Arbeitern erzielten einheimische Führungskräfte nahezu das 21fache des Monatslohns. Das ist jedoch immer noch weit entfernt von US-amerikanischen und europäischen Verhältnissen in globalisierenden Konzernen, die mit einer Gehaltsspanne zwischen Chef und Arbeiter bzw. Angestellter durch einen Faktor von zirka 50 bis 330 zugunsten des Chefs aufwarten können.[9] Unabhängig von diesem

---

[8] http://www.world-nuclear.org/information-library/country-profiles/countries-a-f/france.aspx (Zugriff: 18.12.2017), siehe auch https://www.iaea.org/PRIS/CountryStatistics/CountryDetails.aspx?current=FR (Zugriff: 18.12.2017).

[9] http://www.wiwo.de/erfolg/management/gehaelter-konzernchefs-verdienen-gut-330-mal-mehr-als-ihre-arbeiter/13608668.html (Zugriff: 18.12.2017).

Abb. 2.5 Uran: Der „ewige" Feind organismischen Lebens. Tagebau in Swakobmund, Namibia. Ähnliche Landschaftszerstörungen durch Abbau von Uranerz finden in Südafrika, Niger und der Zentralafrikanischen Republik statt. (Foto mit freundlicher Genehmigung durch Rössing-Uranium Limited, Rio Tinto, Swakobmund, Namibia)

Zahlenspiel ist aber wesentlich evidenter und überlebenswichtiger für die Bevölkerung, dass nach Schließung der Uranmine und Abzug des französischen Atomkonzerns Areva der hochradioaktive Abfall vor Ort verbleibt – ohne weitere Maßnahmen zum Schutz der Bevölkerung. Dazu Branco:

> Dem Staatskonzern Areva werden Korruption und schwere Versäumnisse mit gesundheits- und umweltschädlichen Folgen vorgeworfen, unter anderem in China, Südafrika, Niger, Deutschland, Namibia und Gabun. Seine Rolle für Frankreichs zivile und militärische Nuklearindustrie, die zum Teil der militärischen Geheimhaltung unterliegt, wurde Anfang der 2000er Jahre zügig umorganisiert. Treibende Kraft war dabei die neue Konzernchefin Anne Lauvergeon, die in allen politischen Lagern gut vernetzt ist (Branco 2016, 11).

▶ Reise drei: Bananen für Steueroasen

Bananen wachsen nur in tropischen Regionen um den Äquator, wobei die mit Abstand größten Plantagen (Pflanzung zur Erzeugung eines einzigen weltweit vertriebenen Produktes in Monokultur) im südamerikanischen Ecuador, Kolumbien und Costa Rica existieren (Abb. 2.6). Der Transport der Bananen in Industrieländern Nordamerikas, Europas und Asiens geschieht in unreifem Zustand. Bananen produzieren, wie auch Äpfel die Reifegase Ethylen C_2H_4 und Kohlenstoffdioxid CO_2. Ein zusätzlicher Begasungsprozess von Bananen mit CO_2 während der langen Transportzeit sorgt dafür, dass die Frucht nicht zu schnell reift. Im Lieferland angekommen wird die Frucht in speziellen Kühlkammern unter kontrollierten Begasungsbedingungen mit C_2H_4 dann einem gezielten Reifeprozess ausgesetzt.[10] Die Verbraucher erhalten dann über den Handel die reife Banane in der bekannten gelben Farbe.

Interessant an den weltweiten Bananentransportprozessen, die in der Regel tage- bis wochenlang per Schiff erfolgen, ist, dass CO_2 als „Reifeverzögerer" auch Teil der sogenannten Klimagase ist, die unser erdweites Klima nicht unbeträchtlich – um nicht zu sagen massiv –beeinflussen.

---

[10] Der Autor hat in der Mitte der ersten Dekade des 21. Jahrhunderts ein Forschungsprojekt zur Verpackung von Früchten durchgeführt, bei dem auch das Problem der Begasung von Früchten thematisiert wurde (Küppers 2007).

Abb. 2.6 Bananen: Nahrungsmittel als Spekulationsmasse. Links: einzelne Bananenstaude, rechts: Abtransport von Bananenstauden aus südamerikanischer Plantage. (Abbildungen zur freien Verfügung des Autors durch die frühere Fa. Atlanta AG, Bremen und heutige Rechtsnachfolgerin: Greenyard Fresh Germany GmbH, Bremen)

Die Reise der Bananen führt uns in die USA (Koch 2014, S. 12):

> Die drei US-Konzerne Dole, Chiquita und du del Monte wickeln zwei Drittel des weltweiten Geschäfts mit Bananen ab. In den Jahren 2003 bis 2007 erzielten sie einen Umsatz von 50 Mrd. US$ und einen Gewinn von 1,4 Mrd. US$. Sie zahlten darauf jedoch nur 200 Mio. US$ Steuern, also nur rund 14 %, obwohl der Unternehmenssteuersatz in den USA 35 % beträgt. Der Grund: Knapp die Hälfte ihrer Geschäfte ließen sie über eigens gegründete Tochterunternehmen in Steueroasen laufen. So fließen vom Endpreis einer Banane nur 13 % zurück ins Erzeugerland. Fast die Hälfte des Endpreises aber bleibt in Steueroasen hängen.

Die Globalisierung hat nicht nur den materiellen Warentransport um den Erdball ausgeweitet, sie hat auch Wege immaterieller Datenströme geschaffen und dazu genutzt, über nationale Grenzen hinweg Gewinne zu maximieren durch Nutzung sogenannter Steueroasen mit minimalen staatlichen Handelsabgaben bzw. Steuern.

Hierin zeigt sich ein Musterbeispiel erdweiter ökonomischer Globalisierung, dem Staaten, auch Demokratien, kaum ein wirksames Mittel der gerechteren Handelsergebnisse gegenüberstellen können. Trotz aller Bemühungen staatlicherseits durch finanzpolitische Regulierungsmaßnahmen,[11] erst recht nach der großen erdweiten Finanzkrise 2007/2008, gerechte Handels- und Steuergesetzgebung im Feld der Globalisierung zu erzielen, die auch die Bevölkerung eines Landes in Gänze mitnimmt, im Sinne materieller, ökologischer und sozialer Vorteile, ist dies bis heute nicht gelungen.

Der Positionswechsel in Richtung Deglobalisierung, unter Zuhilfenahme biokybernetischer Prinzipien, wie sie in diesem Buch verstanden und beschrieben wird, wird zunehmend zwingender!

▶ **Reise vier: Tomaten – Rot, glänzend und geschmacklos**
Eine vierte Reise führt *Für eine Handvoll Tomaten* nach Spanien (Daum 2010, S. 20–21):

> Es ist jedes Jahr dasselbe. Ab Oktober verschwinden allmählich die heimischen Landtomaten von den Marktständen und aus den Supermarktregalen Westeuropas, und eine einzige Sorte bleibt übrig: die spanische Tomate. Hart, knackig oder mehlig, ohne Eigengeschmack, reift sie im Gemüsekorb nicht etwa nach, sondern bleibt blass und fault schnell. „Die Leute wollen das ganze Jahr hindurch Tomaten essen, selbst im tiefsten Winter", sagt Robert, der für einen Supermarkt im Süden Frankreichs Obst und Gemüse ordert […].

Während vor Jahrzehnten die Kultur einheimischer Nahrungsmitteln in Abhängigkeit von der Jahreszeit vorherrschte, und Südfrüchte wie Bananen, Aprikosen, Mangos, Papayas und Mandarinen sehr teure Ausnahmen auf dem Speiseplan waren, sind in Zeiten des erdweiten globalisierten Handels fast alle Lebensmittel zu jeder Jahreszeit zu bekommen. Jedoch hat das seinen Preis. Hersteller und Handel wollen – gemäß dem ökonomischen Ziel – geldwerte Produktquantität verkaufen. Demgegenüber will der Verbraucher möglich wenig für die Ware zahlen, trotzdem soll sie aber noch gute Qualität besitzen. Hier offenbart sich ein Dilemma, das letztlich auf Kosten der Produktqualität geht.

---

[11] http://www.bpb.de/politik/wirtschaft/finanzmaerkte/65435/regulierung-der-finanzmaerkte?p=all (Zugriff: 18.12.2017).

Was für exotische Früchte gilt, gilt längst auch für Nachtschattengewächse wie Tomaten. Mitten im Winter für geringe Herstellungskosten Tomaten züchten und zudem noch preiswert verkaufen? Wie soll das funktionieren?

> Die Lösung für das (Herstellungskostenproblem und das ..., d. A.) Anbauproblem fand man in der kleinen andalusischen Region Almería […]. In dieser Region gibt es die höchste Sonneneinstrahlung Europas – und die am schlechtesten bezahlten Arbeiter. Wer heute durch diese ehemalige Wüste reist […] wird nahezu erschlagen vom Anblick tausender Gewächshäuser aus Plastik, manche stabil wie Festungen, andere vom Wind halb zerrissen. Insgesamt sind es etwa 30 000, die auf 30 000 bis 40 000 Hektar eng beieinanderstehen. Dort arbeiten zehntausende Immigranten, ein Gutteil davon ohne Papiere, damit die europäischen Verbraucher zu jeder Jahreszeit frisches Gemüse bekommen (Daum 2010)

Was in Spanien (Abb. 2.7) funktioniert, wird auch in anderen Herstellungsländern für Tomaten, wie Frankreich und den Niederlanden, prak-

Abb. 2.7   Tomaten. (Bildquelle zu Treibhausplanen in Almeria Spanien: Daniel Sulzmann (2015),[12] Bildquelle zu Gewächshaustomaten: picture alliance/dpa/ Roland Weihrauch,[13] Pollmer 2017)

---

[12] http://www.deutschlandfunkkultur.de/pestizide-satt-die-anbaubedingungen-in-dersuedspani-schen.979.de.html?dram:article_id=314750 (Zugriff: 27.11.2017).

[13] http://www.deutschlandfunkkultur.de/gemueseanbau-und-verbraucher-wann-kommt-die-per-fektetomate.993.de.html?dram:article_id=379783 (Zugriff: 27.11.2017).

tiziert. Nach Daum (2010) werden beispielsweise in Frankreich von jährlich 600.000 Tonnen 95 % in Treibhäusern gezüchtet.

Von ökologisch nachhaltiger Produktion kann kaum die Rede sein, denn was die Verbraucher durch den Verzehr dieser Tomaten und anderem Gemüse aus Almerias Monokulturen auch fördern, ist ihr ökologischer *Wasserfußabdruck,* zum Beispiel in Deutschland:

> Das virtuelle Wasser, das in unseren Lebensmitteln steckt, stammt nur knapp zur Hälfte (47 Prozent) aus Deutschland; die übrigen 53 Prozent des Wassers werden also gewissermaßen importiert – mit den Futter- und Lebensmitteln, die in anderen Ländern für den Export nach Deutschland produziert werden.[14, 15]

Quantität, Geschmacksneutralität und immerwährende Verfügbarkeit kontra Qualität, Geschmack und saisonale Verfügbarkeit ist der fortwährende Gegensatz und Kampf, der sich zwischen Globalisierung und Deglobalisierung oder zwischen *Kosten und Wert* einer Ware abspielt.

Die große Zahl der Verbraucher der Ware Tomaten und anderer Lebensmittel müssen erkennen, was für sie und ihre Gesundheit und Entwicklung nachhaltiger ist: *globale* preiswerte Produkte ohne Wert oder *deglobale,* lokale kostenangemessene Produkte mit Wert. Lässt man den Kostenfaktor beiseite, dann hat die biodiversitätsreiche „Produkt"-Entwicklung der Natur sich seit Milliarden Jahren für die letztere Alternative entschieden.

▶ Reise fünf: Baumwolle – Edle Kleidung mit fahlen politischen Beigeschmack
Und schließlich nimmt uns Orsenna (2007) mit auf seine Reise durch unsere globalisierende Welt von *Weißen Plantagen:*

---

[14] WWFDeutschland (Hrsg.): Der Wasser-Fußabdruck Deutschlands. Frankfurt am Main 2009 (www.wwf.de/fileadmin/fm-wwf/Publikationen-PDF/wwf_studie_wasserfussabdruck.pdf) (Zugriff: 28.11.2017).

[15] http://www.kritischer-agrarbericht.de/fileadmin/Daten-KAB/KAB-2017/KAB_2017_123_126_Koch_Reese.pdf (Zugriff: 28.11.2017).

„Rohstoffe sind Geschenke, die wir der Erde verdanken. […]. Jeder Rohstoff ist ein Kosmos mit seiner eigenen Mythologie, seiner Sprache, seinen Kriegen, seinen Städten, seinen Bewohnern […]. Und jeder Rohstoff, der seine Geschichte erzählt, erzählt auf seine Weise auch die Geschichte des Planeten." (Orsenna 2007, S. 11). So auch die Baumwolle. „Baumwolle ist das Hausschwein der Botanik: Alles lässt sich verwerten." (Orsenna 2007, S. 15).

Die Reise führt durch Länder wie Mali, den USA (Abb. 2.8), Brasilien, Ägypten, Usbekistan, China und Frankreich. Erstaunlich war, dass Mali als einer der größten Baumwollproduzenten keine eigene Textilindustrie besitzt. Eine Ursache dafür fand Orsenna auf den lokalen Märkten. Direkt aus den Plastiksäcken von Hilfsorganisationen stammen Berge textiler Ausschussware als T-Shirts, Hosen, Röcke und Kleider, auf die sich ein Heer von Schneidern stürzt (Orsenna 2007, S. 51).

Abb. 2.8 Baumwollernte in Texas. (Photo: David Nance, USDA Agricultural Research Service. All Rights Reserved)

Beispiele wie die aus Mali ziehen sich durch alle Länder der globalisierten Welt, die Orsenna bereiste. In Frankreich endet seine Reise im Departement Vogesen, wo Textilfirmen, Färbereien und Webereien seit dem Ende des Mittelalters Textilien verarbeiten und sich zunehmend Konkurrenten aus dem Mittelmeerraum mit ihren Niedriglöhnen erwehren müssen (Orsenna 2007, S. 259). Und doch musste am Ende ein Drittel der Maschinen an die Türken verkauft werden und die fähigsten Köpfe, mit ihnen auch die hohen Einkommen, sind ebenfalls weggezogen (Orsenna 2007, S. 262).

Auf seiner Rückreise nach Paris erinnert sich Orsenna

> […] an eine von der Regierung Blair (Premierminister des Vereinigten Königreichs von Großbritannien von 1997–2007, d. A.) in Auftrag gegebene (und von ihr geheim gehaltene) Studie. Eiskalt – man könnte auch sagen voller Zynismus – wurde der Gewinn an Kaufkraft durch die höchst wettbewerbsfähigen Einkaufspraktiken der Supermärkte mit den Kosten der Arbeitslosigkeit verglichen, die durch diese Praktiken entstehen. Und im Ergebnis wurden die Einzelhandelsriesen stärker unterstützt. „Eine Jeans für einen Euro." Kann man diese Anzeige als etwas Anderes auffassen, als sie ist: eine Beleidigung der Arbeit?
>
> *So sieht die Spezies Mensch in unseren entwickelten Ländern aus. Sie wettert gegen die Globalisierung und stürzen sich in ihre Tempel: in die Verbrauchermärkte, die Großmärkte, die Einkaufszentren und Handelsriesen, die mit Schleuderpreisen (auf wessen Kosten?) locken* (Orsenna 2007, S.263, kursiv d. d. A.).

Ob Bananen, Tomaten oder Baumwolle: Die Globalisierung ist längst auch – im Sinne ökonomischer Ziele – auf dem Entwicklungspfad für gentechnisch veränderte Naturprodukte. Der gentechnische Eingriff in natürlich gewachsene Organismen wird nicht selten damit begründet, dass Erträge gesteigert werden können bei gleichzeitiger Einsparung von Pestizideinsatz. Als *Todschlagargument* für derartige Genmanipulationen von Lebensmitteln wird oft der zunehmende Bedarf an Ernährung der stark wachsenden Erdbevölkerung herangezogen. Das eigentliche Ziel dieses irrealen Argumentes zeigt sich unter anderem dadurch, dass ein Saatguthersteller wie das Unternehmen Monsanto, USA (jetzt Bayer, Deutschland) sowohl Saatgut als auch zugehörige Pestizide im

„Doppelpack" verkauft, was erst einmal ökonomisch zielführend ist. Zudem ziehen Monokulturen mehr Schädlinge und somit auch mehr Krankheiten an, die durch Genmanipulationen der Pflanzen (teurer als natürlicher Pflanzensamen) und spritzen von Pestiziden kurzfristig weitere ökonomische Gewinne erzeugen.

Die zunehmende Auslaugung der Böden durch Monokulturen und unerwartete Reaktionen der Natur selbst auf die Genpflanzen und gesprühten Pflanzengifte führen letztlich das Argument für notwendige und nachhaltige Ernährung der Erdbevölkerung durch diese Technik ad absurdum. Die sichtbare Zerstörung von gewachsenen, stabilen und biodiversitätsreichen Naturnetzen durch Monokulturen globalisierender Konzerne resultieren nicht selten aus den unsichtbaren Monokulturen der einseitig geleiteten ökonomischen Gedanken oder Strategien ihrer Lenker (s. a. Vandana Shiva 1993, Trägerin des Alternativen Nobelpreises 1993).

Wie immer besitzt die evolutionäre Natur die nachhaltigste Lösung durch ihre angepasste Artenvielfalt oder Biodiversität in lokalen Räume. Schädlingsdruck auf Pflanzen wird durch ein geschickt aufgebautes Verteidigungsnetzwerk elegant abgewehrt.

Eine Zusammenfassung von Vorteilen, Nachteilen und Folgen der Globalisierung sind unter[16, 17] abrufbar.

Bis hierher boten wirtschaftliche Argumente – vielfach auf Kosten der Verbraucher – einen Einblick in die Globalisierung. Mit einem neuen Standpunktwechsel, diesmal aus der Sicht von Politikern ergibt sich die Frage: Kann, angesichts der Globalisierung, autonome Politikgestaltung überhaupt noch funktionieren? Hierzu sagt Koch (2014, S. 112–113):

> Der Gestaltungsraum für nationale Politik stimmt nicht mehr mit den Bewegungsräumen der global player sowie einer zunehmenden Anzahl von Privatpersonen überein. Dies zeigt sich beispielsweise an der rasch wachsenden Bedeutung des e-commerce, der außerhalb nationaler Strukturen funktioniert, und den Schwierigkeiten hierfür, inhaltliche oder steuerrechtliche Regelungen durchzusetzen. Bedeutender sind jedoch die vielfältigen Möglichkeiten von Unternehmen, ihren Sitz jederzeit in andere Länder zu verlegen.

---

[16] https://www.globalisierung-fakten.de/impressum/ (Zugriff: 07.12.2016).
[17] https://www.bpb.de/nachschlagen/zahlen-und-fakten/globalisierung/ (Zugriff: 07.12.2016).

Vielfältige Steuertricks der Konzerne, Niedrigsteuergebiete, hybride Rechtsformen bzw. Finanzinstrumente, Verrechnungspreise und anderes mehr sind die Mittel, mit denen die globalisierenden Unternehmen die Autonomie der Nationalstaaten untergraben.

> Auf diese Weise werden die politischen Handlungsalternativen auf Feldern, wie der Fiskal-, Wettbewerbs-, Sozial-, Beschäftigungs- oder Umweltpolitik, reduziert und damit auch die Möglichkeiten der politischen Akteure, Prozesse auf nationalstaatlicher Ebene zu steuern. Der Nationalstaat erleidet damit Macht- und Autonomieverluste und büßt seine Rolle als „allmächtiger und allzuständiger Problemlöser" ein. Da die Politik bei ihren Entscheidungen die konkurrierenden Länder und ihre möglichen Reaktionen ins Kalkül ziehen muss, ist sie gezwungen, sich dem wirtschaftspolitischen *Mainstream*, der nach wie vor grundsätzlich gültigen globalen neoliberalen Denk- und Handlungsdoktrin, nicht nur anzupassen, sondern deren Funktionsweisen und Mechanismen auch kreativ weiterzuentwickeln (Koch 2014, S. 114).

Die soziale Komponente im Gefolge der dominierenden wirtschaftlichen Globalisierung wurde in den vorab genannten Reisebeispielen bereits deutlich angesprochen – nicht unbedingt zu deren Vorteil. Können aber Gewerkschaftler bzw. Arbeitnehmervertreter und Menschen in sozial engagierten Organisationen noch ihre Stimmen gegen ungerechte Verteilungskämpfe, Ausbeutung und Benachteiligung ihrer eigenen Spezies erheben, ist das bei ökologischen Schäden und Zerstörungen in Natur und Umwelt durch ökonomische Globalisierungsstrategien nicht möglich.

Es bedarf des weitblickenden Engagements von Menschen, die Bacons Weisheit von der Anpassung erkannt haben und gegen willkürliche ökonomisch gesteuerte Zerstörungsorgien der Natur und menschliche Lebensräume ankämpfen.

Wie Politik und Wirtschaft das Klima anheizen, Natur vernichten und Armut produzieren zeigt sich auf vielfältige Weise durch *kontrollierten Raubbau* (Hartmann 2015). In ihrem gleichnamigen und sehr lesenswerten Buch beschreibt Hartmann „Highlights" der Globalisierung:

- Orang-Utan im Tank: Palmölanbau und Vernichtung gefährdeter Arten in Borneo
- Verarmung von Menschen durch Aquakulturen in Bangladesch
- Wie Industrienationen die Wälder der Welt durch Emissionshandel unter sich aufteilen
- Gentechnik zur Hungerbekämpfung als trojanisches Pferd der Saatgutkonzerne.

Selbstverbrennung unseres Globus' durch fatale Dreiecksbeziehungen zwischen Klima, Mensch und Kohlenstoff (Schellhuber 2015), und nicht zuletzt der Anbruch eines neuen Erdzeitalters, des Anthropozän (Renn und Scherer 2015), sind zuallererst die vernetzten fatalen Folgen menschlicher, ökonomisch-zielführender Strategien, die in der ökonomischen Globalisierung ihre scheinbar unbegrenzte Spielwiese gefunden haben.

Es ist höchste Zeit, der scheinbar unbeugsamen neoliberalen Macht der Denk- und Handlungsfantasien Homo oeconomicusscher Prägung von durchrationalisierten Prozessen endlich klare Grenzen zu setzen und den Menschen wieder als Mittelpunkt des Geschehens zu betrachten, mit allen evolutionären Stärken und Schwächen, aber auch mit der Chance, kurzsichtig fehlgeleitete – short term missent – in weitsichtig nachhaltige – long term farseeing – Ziele zu überführen.

2.2.4 Deglobalisierung

Deglobalisierung ist ein Prozess, wie Abb. 2.2 symbolisch andeutet, der dem Prozess der Globalisierung entgegenwirkt. Mit anderen Worten: Der globalen Umklammerung durch neoliberal gesteuerte Wirtschaftsprozesse werden dezentrale lokale Prozesse entgegengesetzt. Eine Definition[18] lautet:

Mit dem Begriff Deglobalisierung wird ein wirtschaftspolitischer Kurs von Staaten oder Staatenbündnissen beschrieben, die sich von einer weiteren

---

[18] https://de.wikipedia.org/wiki/Deglobalisierung (Zugriff: 07.12.2016).

Weltmarktintegration distanzieren. [...] Unter anderem wird darauf abgezielt, die Differenz zwischen Kapitaleinkommen und Arbeitseinkommen zu verringern. Nach dem Denkansatz von Walden Bello (2005, Soziologe und Träger des *Right Livelihood Award*, auch als Alternativer Nobelpreis bekannt, d. A.) wird Globalisierung nicht als unumkehrbarer Prozess verstanden. Nach Bello soll die Wirtschaftsaktivität wieder zurück auf die lokale und regionale Ebene geholt werden.

Bellos Deglobalisierungsinitiative orientiert sich an Thomas S. Kuhns[19] Einsichten, die er in seiner Schrift *The Structure of Scientific Revolutions* (Kuhn 1971) veröffentlichte. Im Gegensatz zu wissenschaftlichen Ordnungsstrukturen gestalten sich Veränderungen von gesellschaftlichen weltordnungspolitischen Strukturen – global governance –, die über Jahre zunehmend verfestigt wurden, deutlich schwieriger. Es sind *systemische* Ursachen, die Krisen im gegenwärtigen System der Weltordnung vorangehen. Dazu Bello:

> Bei sozialen Veränderungen können neue Systeme nicht wirklich entworfen werden, ohne den festen Griff der alten zu lockern, die aber eine fundamentale Herausforderung ihrer Hegemonie nicht ohne weiteres dulden. Eine Legitimationskrise ist ein wichtiger erster Schritt zur Schwächung gegenwärtiger Strukturen, sie reicht aber nicht aus. Die Vision einer neuen Welt mag bezaubern, ohne harte Strategie zu ihrer Verwirklichung wird sie aber Vision bleiben. Bestandteil dieser Strategie ist das wohl überlegte Auseinandernehmen des Althergebrachten. Daher ist eine Strategie der Dekonstruktion die notwendige Begleiterscheinung einer Strategie der Rekonstruktion (ebd. S. 59).

Diese Aussage erinnert interessanterweise an den österreichischen Wirtschaftswissenschaftler Joseph Schumpeter (1883–1950). Mit dem von ihm kreierten Begriff der *„schöpferischen Zerstörung"* baut jede ökonomische Entwicklung bzw. Neuentwicklung – nicht nur im quantitativen Sinn – auf. Eine Zerstörung alter, problembelastender Strukturen und Prozesse ist also unumgänglich, um neue zu schaffen. Wege von folgereichen, umweltzerstörenden globalen Prozessen zu resilienten,

---

[19] Thomas Samuel Kuhn (1922–1996) studierte theoretische Physik an der Harvard University (USA) und machte Karriere als Wissenschaftshistoriker und -philosoph.

werthaltigen, nicht dominant globalisierenden Prozessen sind somit auch verknüpft mit einer schöpferischen bzw. kreativen Zerstörung alter Wirtschaftsstrukturen und -Prozesse.

Weiter heißt es:

> Wenn es das Ziel ist, das inszenierte Planspiel zur Ausdehnung des Freihandels aus den Fugen geraten zu lassen, dann hat die Bewegung gegen die Globalisierung der Konzerne alle Hände voll zu tun. (Bello 2005, S. 62).

Bello befürwortet für diese Bewegung eine wirtschaftlich-politische *Mehrebenenstrategie* mit folgenden konkreten Bestandteilen:

- Auflösung der Allianz zwischen der USA und der EU durch Ausreizen des US-EU-Konfliktes bezüglich Europas Subventionen für die Landwirtschaft, Bushs missglückter Versuch, vom US-Senat Vollmachten für beschleunigte Verhandlungen zu erhalten, Washingtons Verfügung von Schutzzöllen auf Stahlimporte und seinen neubelebten Handelsunilateralismus und den US-Exporten von hormonbehandeltem Rindfleisch und genetisch modifizierten Erzeugnissen (GMOs) – Genetic Modified Organisms, d. A. –.
- Intensivierung unseres Beistandes für die Delegationen der Entwicklungsländer in Genf, damit sie den WTO-Prozess – World Trade Organization, Welthandelsorganisation, d. A. – besser meistern und effektive Strategien entwickeln, um eine Konsensbildung auf bevorzugten Gebieten der Handelsmächte zu blockieren und die Priorität von Implementierungsfragen wieder geltend zu machen.
- Zusammenarbeit mit nationalen Bewegungen wie den Bauernbewegungen für Ernährungshoheit im Süden und Bürgerinitiativen im Norden, um ihre Regierungen unter massiven Druck zu setzen, damit diese keiner weiteren Liberalisierung in Landwirtschaft, Dienstleistungen und anderen verhandelten Bereichen zustimmen.
- Gekonnte Koordinierung von globalen Protesten, Massenaktionen auf der Straße am Ort künftiger Ministerrunden und Lobbyarbeit in Genf, um auf globaler Ebene eine kritische Masse mit der erforderlichen Schwungkraft zu erreichen (Bello 2005, S. 63).

Der Wahlslogan des am 20. Januar 2017 zum 45. US-Präsidenten gewählten Donald Trump „Make Amerika great again" verheißt ironischerweise eine besondere Art von politischer Deglobalisierung, ein Zurückziehen auf die eigene Stärke der Vereinigten Staaten von Amerika - wohingegen die bislang bekannten Namen seines neuen Regierungskabinetts gestandene Paten neoliberaler Globalisierungs- und Klimaverschlechterungspolitik sind.[20]

Die Einsicht, dass die Erde als Lebensgrundlage aller Menschen in eine zerstörerische Abwärtsspirale geraten ist, ist kaum von der Hand zu weisen und der Begriff des Anthropozän steht hierfür Pate. Die Folgen erdweiter Zerstörung natürlicher Lebensräume ist nicht zuletzt auch das Resultat zunehmender Kapitalakkumulationen und Kapitalkonzentrationen, wie weiter unten an einem Beispiel von armen und reichen Mitbürgern beschrieben wird. Nach dem Soziologen Jason Moore (2015) sollte das Anthropozän „[…] also eher Kapitalozän heißen […]" (Bonneuil 2015).

Die sichtbaren Anzeichen sich aus einer Globalisierung zurückziehender Staaten und Staatengemeinschaften (der gegenwärtig stattfindende Austritt des Vereinigten Königreiches aus der Europäischen Union, BREXIT, ist ein Beispiel deglobalisierender Politik) bedeutet – wie bereits vorab gesagt – nicht zwangsläufig auch eine Deglobalisierung aus wirtschaftlicher oder finanzieller Sicht. Wohl aber wird das Gefühl des Zusammenhalts unter den Menschen verschiedener Nationen – wie in der EU – noch zusätzlich belastet, weil es bereits durch einseitige, neoliberale politisch-wirtschaftliche Strategien – siehe u. a. EU-Länder Griechenland, Spanien, Italien – stark beeinträchtigt ist (Küppers und Küppers 2013).

Wenn wir Bellos Maßnahmen zur Deglobalisierung weiter konkretisieren, so stützt er sich dabei auf Erfahrungen aus südlichen, weniger entwickelten Ländern und weniger auf Erfahrungen aus Industrienationen im Norden der Erde. Relevant sind seine vorgeschlagenen Maßnahmen für alle Länder. Der folgenden Liste setzt Bello noch den Grundsatz voraus, dass damit nicht der Rückzug aus der internationalen Wirtschaft verbunden ist. Er favorisiert eine Umorientierung von überwiegend auf

---

[20] http://www.sueddeutsche.de/wirtschaft/trumps-kabinett-goldmaenner-kapern-die-amerikanische-politik-1.3296738 (Zugriff: 17.12.2016).

Export ausgerichteten Volkswirtschaften zu einer Produktion vorwiegend für den Binnenmarkt. Daraus folgt:

- unsere Finanzmittel für Investitionen größtenteils im Inland zu beschaffen, anstatt von Investitionen aus dem Ausland und ausländischen Finanzmärkten abhängig zu werden
- die lange Zeit aufgeschobenen Maßnahmen zur Einkommensumverteilung und Landreform umzusetzen, um einen dynamischen Binnenmarkt zu schaffen, der das Fundament der Wirtschaft bilden sollte
- die Betonung von Wachstum und Gewinnmaximierung zu verringern, um die Störung im Gleichgewicht der Umwelt zu reduzieren
- strategische Wirtschaftsentscheidungen nicht dem Markt zu überlassen, sondern sie der demokratischen Willensbildung zu überantworten
- den privaten Sektor und den Staat der dauerhaften Kontrolle durch die Zivilgesellschaft zu unterstellen
- ein neues Produktionsgefüge und System des Austauschs zu schaffen, das gemeindekooperative Privatunternehmen und staatliche Unternehmen umfasst und TNU - Transnationale Unternehmen, d. A. – ausschließt.
- das Subsidiaritätsprinzip – *Hilfe zur Selbsthilfe* – im Wirtschaftsleben zu bewahren, indem die Produktion von Gütern – wenn es wirtschaftlich vertretbar ist – auf lokaler und nationaler Ebene gefördert wird, um das Gemeinschaftsgefüge zu erhalten.

Bello spricht:

> […] ferner über eine Strategie, die die Marktlogik und das Streben nach Kosteneffizienz bewusst den Werten von Sicherheit, Fairness und gesellschaftlicher Solidarität unterordnet. Wir sprechen – um auf die Vorstellung des großen sozialdemokratischen Gelehrten Karl Polanyi zurückzugreifen – darüber, die Wirtschaft wieder in die Gesellschaft einzubetten, anstatt in einer Gesellschaft zu leben, die durch die Wirtschaft gelenkt wird (Bello 2005, S. 65; Polanyi 1957).

Soweit die in angemessener Kürze genannten Vorstellungen Walden Bellos im Kampf gegen übermächtige Gegner, die in der Globalisierung ihr Heil suchen. Die Fehleinschätzung der Globalisierung zeigt sich noch dadurch, dass ihr innerer Mechanismus untrennbar verbunden ist mit einem unsäglichen Wachstumsgedanken quantitativer Art und einer in die Irre leitenden Steigerung des Zahlenfetisch BIP – Bruttoinlandsprodukt, einem kostenbasierenden Faktor aller im Inland hergestellten Waren und Dienstleistungen –, zu dessen Wachstum selbst Kosten von Unfällen, Kriegen und zerstörter Natur beitragen! Diese widersinnigen Verrechnungseinheiten zum BIP alleine zeigen schon die ganze Misere des auf exzessives Wachstum aufgebauten ökonomischen Faktors, jenseits aller realen Zusammenhänge.

Nicht verschwiegen werden soll, dass Strategien der Deglobalisierung, wie sie unter dem Schlagwort „Green New Deal" bekannt sind, zwar eine grüne Revolution versprechen, aber „[…] an der sozialen Ungleichheit und der Ausbeutung der Natur im globalen Süden […] nichts ändern wollen" (Brand 2015, S. 52–53).

Das Feld von Befürwortern und Gegnern einer Deglobalisierung ist breit gestreut. Argumente und Beispiele für Globalisierung und Deglobalisierung wurden vorab genannt. Abschließend lassen wir den Schweizer Ökonomen Thomas Straubhaar zu Wort kommen, bis 2014 Leiter des Hamburger Weltwirtschaftsinstituts. Für ihn hat die Deglobalisierung längst begonnen.[21] Verlustängste und Unsicherheiten der Bürger stärken Abwehrreflexe und Abschottungstendenzen. Zunehmender Nationalismus und Protektionismus bei Staaten führen zu einer Verlangsamung der Globalisierung.

Parallel dazu dringt die Digitalisierung beschleunigt in alle Lebens- und Arbeitsbereiche, mit bekannten Konsequenzen, wie Reduzierung des Welthandels gegenüber der Weltproduktion, Arbeitsplatzverluste mit zunehmender Armut u. v. m. Als praktisches Beispiel der Deglobalisierung nennt Straubhaar die 3D-Technik,[22] die Produktion zu den Menschen bringt, statt wie früher die fertigen Güter. „Intelligente" Algorithmen

---

[21] https://www.welt.de/wirtschaft/article158523661/Die-Deglobalisierung-hat-laengst-begonnen.html (Zugriff: 25.04.2017).
[22] 3D-Technik oder auch 3D-Druck ist ein computergesteuertes, additives fertigungstechnisches Verfahren, bei dem dreidimensionale Gegenstände unterschiedlicher Werkstoffe durch schichtweisen Aufbau chemisch bzw. physikalisch erzeugt werden.

übernehmen Produktion und Logistik vor Ort. Sofern die weltweiten Kosten für Kommunikation günstiger sind als die der Gütertransporte, werden lokale Produktionen gestärkt und Daten statt Güter auf die Reise geschickt.

Zentralisierung war Ursache und Folge der *Globalisierung*. Sie erlaubte, durch eine gemeinsame Nutzung und Auslastung Durchschnittskosten zu senken und dadurch Vorteile der Massen- und Verbundproduktion zu nutzen. Was zentral gefertigt wurde, musste dann in immer komplexer werdenden Transportsystemen über weite Entfernungen zur Weiterverarbeitung und zum Kunden gefahren werden. Die Digitalisierung macht eine Verlagerung von zentraler zu dezentraler Wertschöpfung attraktiver. Eine lokale Leistungserbringung erlaubt, Kostenvorteile zu heben. Vor Ort hergestellte, kundengerechtere Speziallösungen verbessern die Qualität und die Nutzerzufriedenheit gegenüber zentraler Produktion. *Deglobalisierung* und Dezentralisierung sind die Folgen. Sie werden die Zukunft prägen (Straubhaar 2016, s. a. Fußnote 9).

Zwei Argumente des Ökonomen bedürfen jedoch der Erweiterung und Klarstellung:

1. Zentralisierung führt auch noch zu einem anderen Aspekt der Globalisierung, der über die vorab thematisierten Produktions- und Transportkosten weit hinausgeht. Wenn 62 Superreiche[23] so viel Geld besitzen wie die ärmere Hälfte der Erdbevölkerung, Ende 2017 sind dies 3,73 Milliarden, ergibt sich ein Pro-Kopf-Verteilungsverhältnis von 1 zu 60.161,29. Zynisch gesprochen *hält* sich jeder superreiche Machtmensch in seinem globalen Finanzreich circa 60 Millionen arme Sklaven! Die durch angehäuften Reichtum im Globalisierungszug der Finanzwirtschaft auseinanderklaffende Reichtum-Armut-Schere festigt eine Ungleichheit unter Menschen und Ungleichverteilung von Kapital und Gütern bislang unerkannten Ausmaßes, die ökologischen und sozialen Strukturen hohe Risiken aufbürden, die nicht grenzenlos sind!
2. Der Hinweis auf die additive neue Fertigungstechnik des 3D-Verfahrens, in Verbindung mit der Digitalisierung, als praktisches Beispiel

---

[23] https://www.oxfam.de/ueber-uns/publikationen/oxfam-bericht-belegt-soziale-ungleichheit-nimmt-weltweit-dramatisch (Zugriff: 25.04.2017)

für Deglobalisierung zu erkennen, ist unpräzise. Das Wort *additiv* weist hier den Weg. Kaum ein erfahrener Ingenieurwissenschaftler der Fertigungs- oder Produktionstechnik wird behaupten können, dass 3D-Druckverfahren so schnell hochpräzise fertigungstechnische Maschinen in der Produktionstechnik ersetzen. Einschlägige Verlautbarungen aus Finanzwirtschaftskreisen, die bereits den Ausverkauf von teuren Präzisionsmaschinen kommen sehen, die durch kostengünstigere, lokale deglobalisierte 3D-Druckverfahren ersetzt werden, ähneln doch sehr den Zukunftsfantasien einiger, die in naher Zukunft bereits Roboter an den Schaltstellen der gesellschaftlichen Entwicklung sehen.

Ob sich in Zukunft die schwächelnde Globalisierung wieder erholt oder die Tendenz zu Deglobalisierung an Stärke gewinnt, liegt im Bereich gesicherter Ahnungen. In jedem Fall muss mit dem Unerwarteten gerechnet werden, das heißt: Wir müssen mehr denn je lernen, mit Komplexität richtig umzugehen! Das Eindringen und Ausbreiten digitalisierter Prozesse in eine bis dahin analoge Politik, Wirtschaft und Gesellschaft ist jedoch unstrittig (siehe Küppers 2018) Daher gilt:

> Digitalisierung ist eine Schlüsselvariable für Globalisierung und Deglobalisierung.

Quantitative und qualitative Veränderungen, ob durch globalisierende oder deglobalisierende Maßnahmen, führen auch zu markanten Einflüssen und Veränderungen in unserer Natur und Umwelt. Alle Teilnehmer im erdweiten Spiel des Lebens und Überlebens – in Biosphäre und Technosphäre – sind auf die eine oder andere Weise voneinander abhängig. Einige von ihnen ignorieren dies und fügen mit ihren fehlgeleiteten Strategien – short term missent strategies – der Erde erheblichen Schaden zu. Sie sollten sich Folgendes vor Augen halten:

> Eine noch so effektive und effiziente Globalisierungs- und Deglobalisierungsstrategie wird ihr wie auch immer definiertes Ziel verfehlen, wenn nicht die realen Zusammenhänge zwischen beteiligten Einflussgrößen aus Bio- und Technosphäre erkannt, berücksichtigt, systemisch bewertet und in nachhaltige Ergebnisse umgesetzt werden.

Wer gegen die Natur arbeitet, verliert!

3

Biokybernetische Deglobalisierung

3.1 Metaziel: Nachhaltige Entwicklung

Nachhaltigkeit ist in seiner ursprünglichen ökologischen Bedeutung ein fortschrittsstarkes Argument für die Weiterentwicklung in unserer sozio-technischen Gesellschaft (Küppers 2014)

Die Verwendung des Begriffs Nachhaltigkeit, den wir in diesem Kontext dem Brundtland-Report von 1997 entnehmen, der Grundlage für die Konferenz der Vereinten Nationen für Umwelt und Entwicklung (UNCED) in Rio de Janeiro 1992 RIO-Deklaration war,[1] ist zu wertvoll, um ihn einzelnen Interessensgruppen mit falsch verstandenem Ehrgeiz und einseitigen Zielen zu überlassen. Wenn es an Nachhaltigkeit mangelt,

---

[1] Laut Lexikon der Nachhaltigkeit gilt: „Der Begriff der Nachhaltigkeit (sustainability) gilt seit mehreren Jahren als Leitbild für eine zukunftsfähige, nachhaltige Entwicklung der Menschheit." Zur Begriffsbestimmung dient bis heute die Definition der Nachhaltigkeit nach dem Brundtland-Report von 1997: „Sustainable development is development that meets the needs of the present without compromising the ability of future generations to meet their own needs" (World Commission on Environment and Development 1987, S. 41).
www.nachhaltigkeit.info/artikel/forum_nachhaltige_entwicklung_627.htm (Zugriff: 07.06.2017).

© Springer Fachmedien Wiesbaden GmbH, ein Teil von Springer Nature 2018
E. W. U. Küppers, *Das Ende der Nachsichtigkeit*,
https://doi.org/10.1007/978-3-658-22229-1_3

ist kurzfristiges fehlgeleitetes Denken im Spiel. Das Handeln wird von eingeschliffenen Routineprozessen bestimmt und setzt auf eine direkte Bedürfnisbefriedigung. Für eine nachhaltige Praxis ist dagegen über eigene Interessen hinauszublicken, immer wieder neue Standpunkte mit wechselnden Blickrichtungen in dynamischer Umwelt einzunehmen, um den Weg zum Ziel und das Ziel den Erfordernissen anzupassen – nicht umgekehrt! Dies erfordert andere Erkenntnisleistungen. Die Komplexität der Wirklichkeit, aber auch moralische Fragen sind zu würdigen. Alle genannten und weiteren notwendigen Einsichten subsumieren sich unter dem Dach von ausreichender BILDUNG für alle Menschen – nicht für wenige auserwählte!

▶ **Exkurs: Digitalisierung und Bildung in globalisierender und deglobalisierender Umwelt**
Wir sind in unserer dynamischen und komplexen Umwelt zunehmend konfrontiert mit einem besonderen Prozess von Bildung: der *Digitalisierung von Bildung.* Dieser kennt keinen Unterschied zwischen Globalisierung und Deglobalisierung, wohl aber unterschiedliche prozessuale Ausprägungen. Wobei wir wieder auf das Argument des Perspektivwechsels stoßen.

Was bewirkt digitale Bildung in globalisierenden und deglobalisierenden Entwicklungen? Maximilian Probst (2015) formuliert es kurz und treffend: „Umdenken oder untergehen!" Weiter heißt es:

> Zuallererst müsste man begreifen, was mit der Digitalisierung auf dem Spiel steht: Sie könnte in den Albtraum einer Steuerungs- und Kontrollfantasie münden (wie es sich durch ein drastisches Reduzieren von „Miteinander Reden" in Präsenzveranstaltungen einerseits und einer massiven Ausbreitung von digitaler Fernbildung andererseits, an dem Autor bekannten Bildungsstätten abzeichnet). Oder sie können Impulse geben zu einer positiven, gemeinschaftlichen Selbstverkleinerung des Menschen angesichts der ökologischen Katastrophen (die maßgebend durch Prozesse der Globalisierung hervorgerufen und gesteuert werden, d. A.) (Probst 2015).

Probst schließt daraus:

> Es wird eine Frage der Bildung sein, welchen Weg wir einschlagen (Probst 2015).

Diese auf die *Bildung* gemünzte Schlussfolgerung trifft genauso auf *Nachhaltigkeit* und somit auch auf *Globalisierung* und *Deglobalisierung* zu!

Zum Thema Nachhaltigkeit siehe u. a. Zimmermann 2016, Heinrichs und Michelsen (2014), Grunewald und Bastian (2013), Sächsische Carlowitz-Gesellschaft (2013).

Bei all unseren begrenzten Bemühungen um nachhaltige Prozesse, sollten wird uns immer wieder daran erinnern, dass wir nicht außerhalb unserer Aktivitäten und den daraus resultierenden, positiven und negativen Folgen für uns selbst, der Gesellschaft und der Natur stehen. Alle beteiligten Organismen sind Teile eines komplexen dynamischen Netzwerkes mit vielfältigen, variantenreichen Rückkopplungen. Es fällt keinem leicht, sich darin zurechtzufinden und in jedem Fall die vorteilhafteste Lösung eines Problems zu erarbeiten. Daher ist es vom Standpunkt mit der Perspektive Nachhaltigkeit zwingend zu erkennen, dass immer mehrere Ursachen auf eine Wirkung treffen und umgekehrt. Noch entscheidender für den Erfolg einer nachhaltigen, natürliche Prinzipien berücksichtigenden Weiterentwicklung ist jedoch zu verinnerlichen, auch mit dem Unerwarteten zu rechnen. Weder die dynamische komplexe Natur noch der probabilistische Mensch lassen sich in ihrem Verhalten bei Problemlösungen in deterministisch wirkenden Tabellendateien einordnen. Werkzeuge des systemischen Denkens und Handelns unter Einbeziehung von Wirkungsnetzmethoden sind deutlich besser geeignet, mit vernetzten Wahrscheinlichkeiten in unserer Umwelt umzugehen.

3.2   Parameter biokybernetischer Deglobalisierung

Wer mit der Natur rechnen will, muss Zusammenhänge im komplexen Verbund einer Deglobalisierung – mit Einflüssen aus Globalisierung – erkennen, um daraus die richtigen Schlussfolgerungen zu ziehen. Das ist ein notwendiger fortwährender Anpassungsprozess, der keineswegs statische, systemstabilisierende Entwicklungsphasen ausschließt. Voraussetzung ist jedoch die Abkehr von jedwedem Maximalziel, wie es insbesondere der finanzökonomischen Globalisierung zu eigen ist.

Im Übrigen entwickeln sich natürliche Produkte und Prozesse nicht ausschließlich nach Maximal- oder Minimalzielen, sondern sie suchen in komplexer Umwelt angepasste Optimalziele, unter nachhaltigem Fortschritt und resilienter Entwicklungsfähigkeit!

Die real existierende ökonomische und soziale Ungleichheit und das durch globalisierende Prozesse zunehmende Zerstörungspotenzial der Natur können nur im Verbund aller teilnehmenden Kräfte in nachhaltige Bahnen gelenkt werden. Wer das nicht will, bleibt gedanklich gefangen in seinem eigenen Wirkungskreis.

Starten wir einen Versuch, die zusammenhängenden Einflüsse auf die Deglobalisierung, mit Auswirkungen auf die Natur, Umwelt, Wirtschaft und Gesellschaft, zu erkunden und daraus Lösungen und Muster abzuleiten, die dem oben genannten Metaziel näherkommen. Die folgenden vier Parametergruppen mit insgesamt 38 Einflussgrößen bilden die Basis des in Abb. 3.1 skizzierten, aggregierenden qualitativen Wirkungsnetzes.

▶ **14 Parameter, die der globalisierenden *Ökonomie und den Finanzen* zugeordnet sind:**

- Quantitatives „dauerhaftes" Wachstum (fehlgeleitete Theorie immerwährenden Wirtschaftswachstums, auf der das Bruttoinlandsprodukt BIP aufbaut, mit der surrealen Aussage: Je höher das BIP, desto stärker die Wirtschaftskraft)
- Multinationale Konzerne
- Kleinunternehmen
- Internationaler Handel
- Warenangebot
- Warenkosten
- Zielorientierte Arbeitsteilung in Entwicklungsländer (E-Länder, oft auch Billiglohnländer)
- Investitionen in E-Länder
- Binnennachfrage (Nachfrage nach Gütern, die im eigenen I-Land, Industrieland, hergestellt werden
- Arbeit in I-Ländern (Aufträge und Gewinne von Unternehmen)

- Arbeitslöhne (in I-Ländern)
- Arbeitsverlagerung
- Kontrolle durch multinational agierende Unternehmen
- Ruinöser Wettbewerb

▶ **16 Parameter, die der – deglobalisierenden –** *Gesellschaft, den Arbeitern, den sozialen und kulturellen Einflüssen* **zugeordnet sind:**

- Deglobalisierung
- Qualitatives nachhaltiges Wachstum
- Nationale Identität
- Einkommen (in I-Ländern)
- Konsum (Verbraucherkonsum in I-Ländern)
- Wohlstand (in I-Ländern)
- Wohlstand (in E-Ländern)
- Arbeit und Arbeitsplätze in Industrieländern (I-Länder)
- Kulturelle Vielfalt
- Schere zwischen Kapital- und Arbeitseinkommen
- Kommunalisierung
- Dezentralisierung
- Leistungsgerechtigkeit
- Adaptive Kosten
- Lokale und globale Netzwerke nachhaltiger Funktionalität
- Arbeitssymbiosen (Produktions- und Dienstleistungsverbünde zum gegenseitigen Vorteil)

▶ **4 Parameter, die der** *Politik* **zugeordnet sind:**

- Umweltauflagen, Umweltgesetze (in E-Ländern)
- Handels-/Finanzprotektionismus (Grenzkontrollen, Zölle, staatliche Subventionen)
- Nationale Identität
- WTO-Regeln (WTO: World Trade Organization, Welthandelsorganisation)

▶ **4 Parameter, die der *Ökologie*, der *Natur und Umwelt* zugeordnet sind:**

* Biodiversität (Artenvielfalt)
* Naturleistungen (technische Produkt-, Verfahrens- und Organisationsleistungen, strategische Optimierungsprozesse)
* Natur- und Umweltbelastungen bzw. Zerstörungen
* Intakte Lebensräume

Für eine gründliche Analyse und Schlussfolgerungen eines komplexen Wirkungsnetzes *Deglobalisierung* ist aber zwangsläufig nicht die angehäufte Zahl von Einflussgrößen entscheidend. Wesentlicher ist, aus einem notwendigen Parametersatz wenige *Schlüsselvariablen* zu erkennen, die – umgeben von Subsystemen – als entscheidenden Stellschrauben das Wirkungsnetz zu stabilisieren helfen. Insofern verinnerlicht jedes komplexe Wirkungsnetz auch den Modellierungscharakter mit probabilistischer Eigenschaft und ist daher nie exakt mathematisch berechenbar. Die einzige exakte Aussage im Umgang mit komplexen Systemen – wie dem skizzierten – ist deren Unvorhersagbarkeit!

Das skizzierte, dynamische multifunktionale Einflussgrößennetz fasst in erster Näherung einige wesentliche – aber sicher noch erweiterbare – Größen im Spiel der Deglobalisierung zusammen. Eine wertsteigernde Analyse des komplexen Wirkungsnetzes der Deglobalisierung würde durch ergänzende, quantitative dynamische Effekte realisierbar, die einer späteren Systemanalyse vorbehalten bleiben.

3.3 Wirkungsnetz biokybernetischer Deglobalisierung

Die wirkende Biokybernetik im Einflussgrößennetz der Deglobalisierung zeigt deutlich: Eine – zumal lineare, tabellarisch strukturierte – Schwarz-Weiß-Gegenüberstellung von Argumenten der Globalisierung und der Deglobalisierung bringt wenig bis gar keine Wertung über die realen Zusammenhänge. Das ist der *erste fundamentale Erkenntniswert,* der daraus gezogen werden kann! Der *Zweite* resultiert aus der Tatsache, dass die Verknüpfungen zwischen den einzelnen Einflussparametern auch nichtlineare Effekte hervorrufen – jenseits jeder linearen Kalkulation und Prognose. Der dritte *fundamentale Erkenntniswert* ist dadurch gegeben, dass aus den vernetzten Zusammenhängen konkrete Musterverläufe erkennbar sind, die einer vergleichenden linearen Analyse – mit an Sicherheit grenzender Wahrscheinlichkeit – verborgen geblieben wären. Der *vierte fundamentale Erkenntniswert* führt dazu, dass die erkannten Muster – nicht selten auch Routinen – Grundlage für vorbeugende Konflikt- oder Problemvermeidung sein können und es oft auch sind. Und schließlich führt ein fünfter *fundamentaler Erkenntniswert zu* einem *Mehrwert im Umgang mit komplexen Abläufen, weil* die Sicht einer ganzheitlichen Perspektive auf komplexe Zusammenhänge gestärkt wird, ohne Details aus den Augen zu verlieren. Es gilt auch hier:

Das Ganze ist mehr, als die Summe seiner Teile.

Hinweis:

Das Wirkungsnetz in Abb. 3.1 ist mit dem in Abb. A1 (Anlage) identisch. Vervollständigt wird Abb. A1 durch 28 verstärkenden und ausgleichende Muster von Kreisläufen (Anlagen B u. f.), die sich aus den insgesamt 38 Systemparametern ergeben, wie sie vorab in vier Gruppen aufgezählt sind. Dieses qualitative Ergebnis der Systemanalyse eines aggregierenden, globalisierenden-deglobalisierenden Wirkungsnetzes kann noch quantitativ erweitert werden, wie weiter oben angesprochen.

Ziel einer Wirkungsnetzuntersuchung komplexer Systemzusammenhänge ist die dynamische Systemstabilität bzw. das dynamische Systemgleichgewicht. Dynamisch deshalb, weil die Zustände der Elemente nicht starr sind, sondern sich durch kleine Änderungen von Zuflüssen und Abflüssen – symbolisiert durch die Verbindungslinien – ständig ändern. Dadurch wird ein Zustand angepasster Optimalität des Gesamtsystems erreicht. Man spricht in diesem Zusammenhang auch von einem selbstregulierenden Fließgleichgewicht. Wie so oft ist auch hier die evolutionäre Natur unser aller Lehrmeister.

Der erste Blick auf Abb. 3.1 kann die Gedanken eines Betrachters, der gewohnt ist, in linearen kausalen – oft monokausalen – wenn … dann … Argumentationsketten zu denken und zu handeln, verwirren. Der zweite

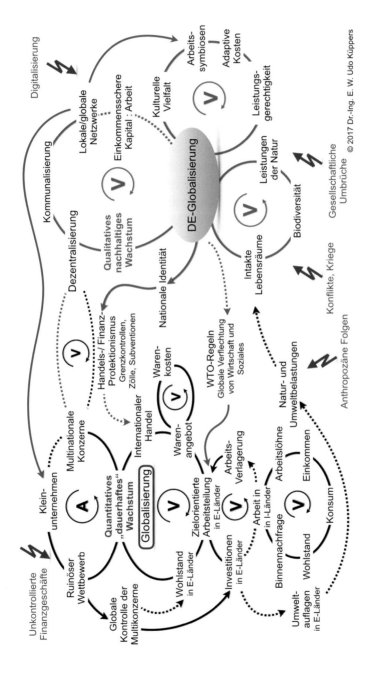

Abb. 3.1 V: Wirkungsverstärkung im Kreislauf, **A**: Wirkungsausgleich im Kreislauf, durchgezogene Linien: gleichgerichtete Wirkung von … auf, unterbrochene Linien: gegenläufige Wirkung von … auf, Blitzzeichen mit Argument: (unerwartete) Störeinflüsse auf die Systemstabilität (siehe auch Abb. A1)

Blick zeigt jedoch im Detail hier und da dieselben Argumentationsstränge konventioneller kausaler Schlussfolgerungen, die nun mit einer Vielzahl weiterer Einflussgrößen verknüpft sind. Das Zustandsbild, das daraus ableitbar ist, näher sich der komplexen Realität, wie wir sie leider allzu oft ignorieren, eben weil wir nicht gelernt haben, damit umzugehen! Das ist übrigens auch ein Grund für viele unerwartete Probleme und Konflikte, die wir im Anschluss daran – mit teils beträchtlichem finanziellen und personellen Aufwand – versuchen zu beheben. Wie bereits vorab erwähnt, ist Risikovorbeugung daher ein Kennzeichen der Anwendung von Wirkungsnetzmethoden.

Das skizzierte Wirkungsnetz der Deglobalisierung stützt sich auf 38 subjektiv ausgewählte qualitative Einflussgrößen, deren Wirkungsstärken und Funktionsverläufe mit Sicherheit unterschiedlich sind – was in einem erweiterten quantitativen Ansatz herauszuarbeiten wäre. Die gewählten Einflussgrößen des Wirkungsnetzes sind zudem keine absoluten Größen, sondern ein *Startparametersatz*, der im Verlauf des aggregierenden Fortschritts durchaus verändert werden kann. Dabei mag die zielorientierte Zusammenstellung geeigneter Systemparameter des Wirkungsnetzes nach Art und Zahl differenzieren, je nach dem wer sie vornimmt.

Wesentlich in dem vorliegenden Beispiel ist, dass durch die qualitative Beurteilung der aufgespannten Einflussgrößen deren realitätsnahe Wirkungsbeziehungen erkannt werden, aus denen sich auch verschiedene Muster von einfachen und vernetzten bis mehrfach überlagerten Kreislaufmustern[2] entwickeln können. Deren verstärkende oder ausgleichende Wirkungen tragen letztlich im Gesamtzusammenhang zu der vorab genannten Systemstabilität bei. Rückkopplungsprozesse spielen hierbei eine herausragende Rolle.

---

[2] Das aufgespannte Wirkungsnetz „Deglobalisierung" enthält insgesamt 28(!) Kreislaufmuster – von direkter und indirekter Einflussnahme auf die Einflussgrößen. Insgesamt lassen sich neun Kreislaufmuster mit ausgleichender und 19 Kreislaufmuster mit verstärkender Wirkung analysieren. Die in Abb. 3.1 herausgestellten Kreislaufmuster zeigen ausschließlich direkte Wirkungszusammenhänge, gegenüber erweiterten Kreislaufmustern, die auch indirekte Verknüpfungen enthalten. Neben anderen, aber funktional identischen Darstellung des modellierten Wirkungsnetzes in Abb. 3.1 sind im Anhang B die vollständigen Kreislaufmuster durch verkettete – direkte und indirekte – Verknüpfungen der Systemelemente genannt.

3.3.1 Vernetzte globalisierende Einflusssphäre

Fünf miteinander vernetzte *globalisierende* Kreislaufprozesse wurden in Abb. 3.1 (links) herausgestellt. Vier besitzen die Tendenz zu einem Verstärkungseffekt (V), der teilweise an benachbarte Kreislaufprozesse weitergegeben wird. Ein Kreislaufmuster zeigt eine ausgleichende (A) Wirkungstendenz.

> ▶ **Kreislaufmuster G1 – ausgleichende Wirkung –**
>
> Je stärker der Einfluss eines *Quantitativen ‚dauerhaften' Wachstums* von Produktionsgütern und Dienstleistungen ist, umso machtvoller treten weltweit *tätige Multinationale Konzerne* im Markt auf (Verstärkung). Deren starke Finanzkraft im Markt schwächt *Kleinunternehmen* wie zum Beispiel Familienbetriebe (einseitiger Ausgleich). Übrig bleiben weniger Großkonzerne, die in einem *ruinösen Wettbewerb* (gegenseitige Verstärkung) den Markt untereinander aufteilen, um noch mehr quantitatives *dauerhaftes* Wachstum (Verstärkung) zu generieren.

Kreislauffunktionen mit ausgleichender Wirkung (A), zeigen beide Tendenzen von verstärkender (gleich gerichteter) und ausgleichender (gegenläufiger) Wirkung von Einflussgrößen untereinander. Letztlich können sie dadurch zu einem stabilisierenden Faktor in einem aggregierenden Wirkungsnetz führen und zur Systemstabilität beitragen. In der Einflusssphäre der realen wachstumsfixierten Globalisierung zeigt sich jedoch an vielen Orten der Erde, dass kleine Unternehmen gegenüber Multikonzernen auf verlorenem Posten stehen. Erst nachhaltige Systemänderungen, durch Abkehr von einer ehedem fiktiven Wachstumseuphorie (BIP-Fetisch) und Hinwendung, beispielsweise zu einem konsequent genutzten, systemischen Nachhaltigkeitsindikator könnte auch dazu führen, dass kleinere Produktions- und Dienstleistungsunternehmen – wie es im Zuge der Digitalisierung (sogenannte IT-Start-up-Unternehmen) bereits geschieht, gegenüber global agierenden Konzernen gestärkt werden. Die Verknüpfung von *Netzwerken* im Kreislauf von *Dezentralisierung* und *Kommunalisierung* – Sphäre der Deglobalisierung – zu *Kleinunternehmen* – Sphäre der Globalisierung – weist den Weg.

> ▶ **Kreislaufmuster G2 – verstärkende Wirkung –**
>
> *Quantitatives ‚dauerhaftes' Wachstum* stärkt ebenso den *Internationalen Handel*, der wiederum zu einem höheren *Warenangebot* und in einem Nebenkreislauf (Kreislaufmuster 5 – verstärkende Wirkung –) zu höheren *Warenkosten* führt. Das höhere *Warenangebot* verstärkt eine *Zielorientierte Arbeitsteilung in Entwicklungsländern* mit zunehmendem *Wohlstand* in diesen Regionen.

Der *Wohlstand in Entwicklungsländern* hält sich aber in Grenzen durch die einwirkende g*lobale Kontrolle der Multikonzerne*, deren Gewinnmaximierung alle anderen Ziele überdeckt.

> ▶ **Kreislaufmuster G3 – verstärkende Wirkung –**
>
> Die Stärkung von *Konzerninvestitionen in Entwicklungsländern*, die durch die „Multis" gesteuert werden, sind nicht selten erkauft durch wirtschaftspolitische „Zwangsgeschäfte" zulasten der Entwicklungsländer und parallel zulasten der Natur und Umwelt (Stichwort: Land Grabbing[3]). Dies führt zu mehr Arbeit (Verstärkung) in diesen Ländern. Die Produktherstellungs- und Personalkosten sind deutlich geringer als die in den Industrieländern. Das führt wiederum zu einem Konkurrenzkampf, bei dem Arbeit und Arbeitsplätze in Industrieländern verloren gehen (Ausgleich), in deren Folge eine Arbeits- und Arbeitsplatzverlagerung ins Ausland – oft Entwicklungsländer – stattfindet, in denen Personalkosten und Infrastrukturabgaben geringer sind und Umweltgesetze laxer gehandhabt werden, als im industrialisierten Inland.

Die *Investitionen in E-Länder* werden erkauft durch wirkungsschwache(!) *Umweltauflagen* (gegenläufige Wirkung) die wiederum *intakte Lebensräume*, wo immer sie vorkommen, verletzen bis zerstören. Die langfristigen Folgen dieser Zerstörungen werden durch die zuständigen Träger von Entscheidungen in Wirtschaft und Politik ignoriert;

---

[3] „Land Grabbing" oder Landaneignung in Entwicklungsländern durch industrialisierte Länder (wie z. B. China in Afrika) geschieht oft im agrarindustriellen Bereich zur Durchsetzung von Profitinteressen wirtschaftsstarker Konzerne. Siehe hierzu: https://www.zdf.de/dokumentation/dokumentation/ausverkauf-in-afrika-100.html (Zugriff: 10.06.2017)

die kostenaufwendigen Maßnahmen zur Renaturisierung zerstörter Lebensräume werden nur halbherzig – wenn überhaupt – durchgeführt und vielfach „kostensparend elegant" durch die Entscheidungsträger an die kommenden Generationen weitergegeben.

Natur- und Umweltzerstörung einerseits und nachhaltig wirksame Renaturisierung andererseits sind global betrachtet ein höchst zweifelhafter Kompromiss. Dieser ergibt sich allein dadurch, dass sowohl die Kosten der Zerstörung als auch die Kosten der Wiederherstellung intakter Lebensräume die gemessene surreale Wirtschaftskraft (BIP) und einen damit verknüpften Scheinwohlstandsindex stärken bzw. vergrößern.

Die Beispiele der weiter oben beschriebenen fünf Reisen in die Globalisierung belegen die vorab postulierten Aussagen auf eindrucksvolle Weise.

> ▶ **Kreislaufmuster G4 – verstärkende Wirkung –**
>
> Dieses Muster skizziert verstärkende bzw. gleichgerichtete Wirkungen eines Arbeitsprozesses in industrialisierten Ländern, der theoretisch zu dauerhaftem wachsendem Einkommen und Wohlstand führt (neoliberale Theorie permanenten Wachstums[4]).

Gleich gerichtete Wirkungen haben aber die Eigenschaft, in zwei Richtungen zu wandern:

1. in Richtung aufsteigender Werte bis zu einer Systemobergrenze
2. in Richtung absteigender Werte bis zu einer Systemuntergrenze.

Zu einem können aufsteigende Werte in Richtung Systemobergrenze, sofern sie erreicht wird, und sei es auch nur im lokalen Umfeld, zu weitreichenden systemzerstörenden Folgen führen. Das Chemieunglück

---

[4] www.nachdenkseiten.de/upload/pdf/090923_m_**neoliberal**_kurz_text.pdf (Zugriff: 10.06.2017)

im indischen Bhopal 1984, das Atomkraftwerkunglück im russischen Tschernobyl 1986, die Weltwirtschaftskrise 2007/2008, die erneutet Atomkraftwerkkatastrophe im japanischen Fukushima 2011 und weitere Ereignisse zeugen von kurzsichtigen fehlgeleiteten Strategien in Wirtschaft und Politik.

Das – nahe an der Systemobergrenze – andauernde politische Versagen der Europäischen Union als Wirtschaftsgemeinschaft *und* politische Einzelländerregierungen laboriert immer noch, zehn Jahre nach der Weltwirtschaftskrise 2007/2008, an deren Folgenprobleme bzw. Bewältigung der Probleme. Im Einzelnen bedeutet das: Verringerung länderspezifischer Arbeits- und Arbeitsplatzkrisen und Verringerung von Jugendarbeitslosigkeit – in einzelnen Ländern bis zu 50 %(!). Überlagert werden diese notwendigen Aufgaben noch durch die 2015 stark in den Vordergrund drängende Asylproblematik, mit Ergebnissen, die eher faulen Kompromissen mit vordergründigem politischen Aktionismus gleichen als durchdachten nachhaltigen Lösungen (Küppers und Küppers 2016). Auch zum jetzigen Zeitpunkt (Ende 2017) sind kaum – vor allem nachhaltige – Fortschritte in der Asylproblematik und der Arbeitslosigkeit Jugendlicher erkennbar – im Gegenteil: Als Symbol für gescheiterte Asylpolitik der Europäischen Union hat das Flüchtlingslager Moria auf Lesbos zweifelhaften Ruhm erlangt[5] (Klingst 2017).

Zum anderen führen absteigende Werte in Richtung Systemstillstand. Mit beiden Extremen ist aber keinem geholfen. Komplexe Systemzustände – und darum handelt es sich in der Regel – werden selten durch hektische Sprünge von Aktivitäten als vielmehr durch von vornherein angelegte kleine Schritte achtsam angepasster Fortschritte zu bewältigen sein.

Im Vorgriff auf das noch folgende Thema *Störgrößen im System von Globalisierung und Deglobalisierung* soll aber nicht verhehlt werden, dass auch wirtschaftliche und politische Spieler in komplexer Gemengelage nicht an gemeinsamen Lösungen interessiert sind und Fortschritte für die Allgemeinheit torpedieren bzw. versuchen diese in ihrem Sinne zu

---

[5] http://de.euronews.com/2017/11/16/ferieninsel-lesbos-fur-fluchtlinge-das-neue-guantanamo (Zugriff: 28.11.2017)

nutzen. Die hochkomplexe wie katastrophale, andauernde Situation im Nahen Osten um Syrien lässt jeden Ansatz einer globalisierenden noch einer deglobalisierenden Wirtschaft scheitern. Hier sind fundamentale Überlebenskriterien absolut vorrangig. Auch dies gehört im Rahmen des hier behandelten komplexen Themas dazu.

▶ **Kreislaufmuster G5 – verstärkende Wirkung –**
Siehe Erläuterungen zu Kreislaufmuster G2.

3.3.2 Vernetzte deglobalisierende Einflusssphäre

Drei miteinander vernetzte Kreislaufprozesse (recht in Abb. 3.1) werden herausgestellt. Alle drei besitzen die Tendenz zu einem Verstärkungseffekt.

▶ **Kreislaufmuster D1 – verstärkende Wirkung –**
Die Deglobalisierung wird im Gesamtkreislauf durch einen besonderen Fokus auf **„Qualitatives nachhaltiges Wachstum"** gestärkt. Durch gleichgerichtete Wirkung auf **„Dezentralisierung"** von Arbeit sowie „Kommunalisierung" und den verstärkten Einfluss auf „Lokale/globale Netzwerke" ergibt sich ein starker Impuls auf das Schließen der **„Einkommensschere Kapital zu Arbeit"**. Der Wert einer Arbeit rückt dadurch stärker in den Mittelpunkt als seine Kosten. Der besondere Wert von lokalen, aber auch überregionalen – globalen – Netzwerken im Sinne eines qualitativen nachhaltigen Wachstums ist die Reduzierung von lokal und global anfallenden Verluststoffen und Energien und somit von Folgekosten. Beispiele zur Wiedereinführung lokaler Energienetzwerke (Watson 2014, S. 48–51) oder branchenübergreifender Werkstoffverarbeitungsprozesse in vielen Kommunen zeigen den Weg in Richtung Nachhaltigkeit in der gegenwärtigen Transformationsphase gesellschaftlicher Energie- und Materialnutzung. Das noch zögerliche und halbherzige Verbot natur- und umweltbelastender Kunststoffe ist ein weiterer Weg, über nachhaltige natur- und umweltverträgliche Ersatzmaterialien zu forschen.

> ▶ **Kreislaufmuster D2 – verstärkende Wirkung –**
>
> Dieser Kreislaufprozess ineinandergreifender Wirkungen (**„Leistungen der Natur"** – **„Biodiversität"** – **„Intakte Lebensräume"** – vernetzte **„Deglobalisierung"**) zeigt nichts anderes als das grundlegende Muster unseres Lebens, das erst durch eine evolutionäre Vielfalt an Leben, Funktionalität, Form, Oberfläche, Farbe, Organisation etc. zustande gekommen ist und über Jahrmilliarden bis heute einen hohen Grad an dynamischer Stabilität erreicht hat. Dazu hat nicht zuletzt eine angepasste lokale Entwicklung beigetragen, deren Mechanismen und Prinzipien auch die Deglobalisierung fördern und stärken können. Alle Lebensbereiche, die sich uns bislang erschließen, sind bevölkert mit hochspezialisierten Lebewesen. Eine spezielle Anpassungsstrategie schließt keineswegs globale Wirkungsbereiche aus. Der Flug von Vögeln über Kontinente hinweg ist dafür eines von vielen Beispielen.

Tendenzen zur Deglobalisierung, sofern sie nachhaltig genug sind und sich dem angepassten, natur- und umweltverträglichen Fortschritt verpflichtet fühlen, zeigen eindeutig eine starke Affinität zu evolutionären Prinzipien. Was die Natur so stark gemacht hat, könnte auch einer Deglobalisierung – an welchem Ort und in welchem Umfang auch immer – helfen, die vorgenommenen Ziele zu erfüllen. Kleinräumige regionale oder städtische Zentren von dienstleistenden Spezialisten des Handwerks, des Handels, des mobilitätsoptimieren Transportierens von Waren, eines Ringtauschs von benötigten Dienstleistungen und vieles mehr, würden Kosten, Wert und Umweltentlastung einer Ware in optimaler Vernetzung zueinandersetzen. Systemisch vernetzte Lebens- und Arbeitsräume könnten völlig neue Nachhaltigkeitsperspektiven erobern, mehr als es die zunehmende Verstädterung bei gegenwärtigen Trends erwarten lassen. *Community Organizing*[6] oder gebündelte Maßnahmen zur Gemeinwesenarbeit im städtischen lokalen Umfeld wäre eines von mehreren Strategien, die in die Richtung weisen, wie sie die Natur in ihrem reichhaltigen Erfahrungsschatz durch angepasste und nachhaltige Weiterentwicklung seit langem vorbildhaft praktiziert.

---

[6] http://www.forum-community-organizing.de/organizing/was-ist-community-organizing.html (Zugriff: 12.12.2017)

> ▶ **Kreislaufmuster D3 – verstärkende Wirkung –**
>
> Der Kreislaufprozess ergänzt die beiden vorab genannten noch durch die *kulturelle Vielfalt* und ihre verstärkte Wirkung auf *Arbeitssymbiosen.*[7] Deglobalisierung bedarf daher auch der Stärke einer kulturellen Vielfalt im Umgang mit Technik, Wirtschaft *adaptive Kosten, Leistungsgerechtigkeit*, Politik u. a. m., zur gegenseitigen Unterstützung und zum gegenseitigen Vorteil.

3.3.3 Verknüpfungen zwischen den Einflusssphären Globalisierung und Deglobalisierung

Zwischen den beiden großen Wirkungsbereichen Globalisierung und Deglobalisierung zeigt sich in Abb. 3.1 noch eine zirkuläre verstärkende Verknüpfung.

> ▶ **Kreislaufmuster D-G1 – verstärkende Wirkung –**
>
> Beide Sphären sind im aufgespannten Wirkungsnetz durch mehrere funktionale Einzelverknüpfungen und einer rückgekoppelten Verbindung miteinander verbunden. So besteht beispielsweise zwischen den Umweltauflagen bzw. Umweltschutzgesetzen von Entwicklungsländern gegenüber denen in Industrieländer eine deutliche Diskrepanz. Die stark eingeschränkten Umweltauflagen der Entwicklungsländer ziehen Investoren an, wodurch Kosten – selbst bei nachweislich umweltbelastenden Produktionsbedingungen – eingespart werden können.
>
> Das Geschäft: Investitionen plus Schaffung von Arbeit und Arbeitsplätzen von (Multi-)Unternehmen in Entwicklungsländern, gegen preiswerte (kostenlose) Bereitstellung von Grund und Boden unter weitgehendem Ausschluss von Umweltauflagen, trotz erwiesener natur- und umweltschädlicher Prozesse, besitzt methodische Züge. Der Umgang mit anfallenden Produktionsreststoffen, die nicht selten persistent, hochgradig giftig und gesundheitsgefährdend sind, bleiben im Entwicklungsland zurück, wenn sich multinationale Konzerne wieder zurückziehen, um neue, noch lukrativere Wirtschaftsfelder anderswo zu erobern.

---

[7] Symbiosen sind ein Prinzip der Evolution, das artfremde Lebewesen mit gegenseitigen Überlebensvorteilen miteinander wirken lässt.

WTO-Regeln zur globalen Verflechtung widersprechen ebenso einer nachhaltigen Deglobalisierung. Daher sollten sie mindestens entschärft werden. Und schließlich spricht der skizzierte Wirkungskreis gegenläufiger Funktionalitäten von *multinationalen Konzernen* (Zentralisation) und *kleineren Unternehmen* (Dezentralisation) für sich.

3.3.4 Störgrößen in den Einflusssphären Globalisierung und Deglobalisierung

Alle fünf Arten von genannten Störgrößen auf das komplexe Wirkungssystem Deglobalisierung in Abb. 3.1 besitzen einen erheblichen – oft unerwarteten Einfluss – auf die Systemstabilität. Mit ihnen ist immer zu rechnen. Beispielsweise wird – wie weiter oben erwähnt – der *Digitalisierung* unserer Arbeits- und Lebenswelt einen starken Einfluss auf den Handel von physischen Gütern zugeschrieben; einfach aus dem Grund, weil erdumspannender Datentransport durch kommunikative Netze schneller als Gütertransport mittels Schiffen oder Flugzeugen ist. Wie auch immer: Globalisierung und Deglobalisierung werden noch einige Zeit miteinander verbringen und um weltweite Positionen ringen – vielleicht auch kooperieren. Alles andere wäre schon aus *machtwirtschaftlicher* Sicht unglaubwürdig.

3.4 Biokybernetische Sicht der Deglobalisierung

Die globalisierende Macht multinationaler oder transnationaler Unternehmen im engen Verbund mit Finanzinstitutionen und Politik dominiert das Weltwirtschaftsgeschehen. Sie erzielt alle Vorteile für eine kleine Gruppe vermögender bzw. begüterter Menschen. Daraus ergeben sich auch marginale Vorteile, aber ebenso auch deutliche Nachteile für die Mehrzahl der Menschen.

Diese Tendenz zum Vorteil weniger auf Kosten vieler wirkt zunehmend an der oberen Systemgrenze unseres Planeten. Jahrmillionen alte, höchst bewährte und unter schärfsten Auslesekriterien optimierte Systemprinzipien evolutionärer Entwicklung, werden durch die einseitigen globalisierenden Aktionen stark in Mitleidenschaft gezogen. Diese ist bereits so weit gegangen, dass den Jetztmenschen ein eigenes Zeitalter – das Anthropozän – zugeschrieben wird. Menschen tragen ursächlich für die Zerstörung ihrer Natur und Umwelt einen Anteil, der nach allen seriösen Erkenntnissen und Erfahrungen unstrittig ist. Globalisierungsprozesse und anthropozäne Folgen sind nicht voneinander zu trennen. Auf diese unsägliche Verknüpfung kann nicht oft genug hingewiesen werden.

Was ist zu tun, um eine kritische Zahl aktiv handelnder Mitbürger zu gewinnen, die konsequent gegen die einseitige globale Ausbeutung unseres Planeten steht und der zunehmenden Eingrenzung lebenswerter Natur und Umwelt entgegenwirkt? Vernetztes Denken und konsequentes Handeln im Verbund ist ein Weg, und zwar ein Weg der Deglobalisierung, das Fließgleichgewicht unseres Planeten, von dem wir alle betroffen sind, – auch und gerade im Kleinen – wiederherzustellen, zu stabilisieren und zu stärken. Benötigt wird darüber hinaus eine Politik von Politikern mit Rückgrat und Weitblick, die sich auch gegen starke Widerstände von Kräften der Globalisierung, wie wir sie kennen, zu wehren verstehen, wenn es darum geht, Nachhaltigkeit zu stärken und kurzfristigen *lukrativen* Fehlleistungen zu widerstehen. Der wechselnde Blick von immer neuen Standpunkten auf unsere Fortentwicklung ist dabei zwingend.

Das Schlusswort von Marie von Ebner-Eschenbach (1830–1916) richtet sich an diejenigen, die mit kurzfristigen *lukrativen* Fehlleistungen vertraut sind, darum wissen, aber nicht die Kraft haben, ihre zerstörenden Teufelskreis-Routinen zu durchbrechen:

> Der kleinste Fehler, den ein Mensch uns zuliebe ablegt,
>   verleiht ihm in unseren Augen mehr Wert,
>   als die größten Tugenden, die er sich ohne unser Zutun aneignet.

Anhang

A: Wirkungsnetz *Deglobalisierung* unter globalisierender Einflussnahme. Entspricht Abb. 3.1 in modellierter Darstellung durch das Programm „iModeller"

B: Sequenz von 28 Kreislaufmustern des Wirkungsnetzes *Deglobalisierung* (Abb. B1, B2, B3, B4 und B5). Es bedeuten:

*R: R*eenforced Circular Flow = verstärkte Kreislaufwirkung
*B: B*alanced Circular Flow = ausgleichende Kreislaufwirkung
(n): Zahl der Einflussgrößen im Kreislauf

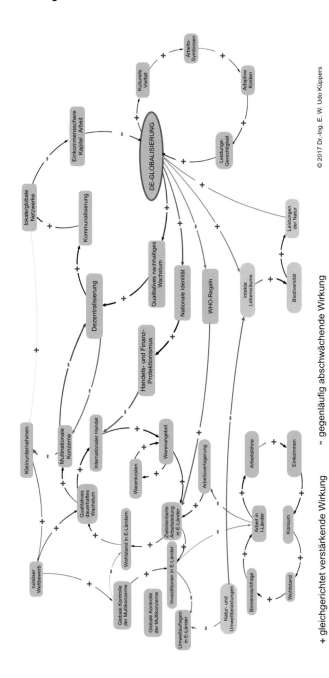

© 2017 Dr.-Ing. E. W. Udo Küppers

+ gleichgerichtet verstärkende Wirkung   − gegenläufig abschwächende Wirkung

Abb. A1 Wirkungsnetz Deglobalisierung, identisch mit Abb. 3.1

R (2): Multinationale Konzerne --> Dezentralisierung --> Multinationale Konzerne

R (2): Warenangebot -+> Warenkosten -+> Warenangebot

B (4): Ruinöser Wettbewerb -+> Quantitative dauerhaftes Wachstum -+> Multinationale Konzerne --> Kleinunternehmen -+> Ruinöser Wettbewerb

R (4): Investitionen in E-Länder --> Arbeit in I-Länder --> Arbeitsverlagerung -+> Zielorientierte Arbeitsteilung in E-Länder -+> Investitionen in E-Länder

B (4): Deglobalisierung -+> Intakte Lebensräume --> Biodiversität -+> Leistungen der Natur -+> Deglobalisierung

R (5): Arbeitssymbiosen -+> Adaptive Kosten -+> Quantitative dauerhaftes Wachstum --> Deglobalisierung -+> Kulturelle Vielfalt -+> Arbeitssymbiosen

R (5): Wohlstand in E-Länder -+> Quantitative dauerhaftes Wachstum --> Internationaler Handel -+> Warenangebot -+> Zielorientierte Arbeitsteilung in E-Länder -+> Wohlstand in E-Länder

R (6): Globale Kontrolle der Multikonzerne --> Wohlstand in E-Länder -+> Quantitative dauerhaftes Wachstum -+> Multinationale Konzerne --> Kleinunternehmen --> Ruinöser Wettbewerb -+> Globale Kontrolle der Multikonzerne

R (6): Binnennachfrage -+> Arbeit in I-Länder -+> Arbeitslöhne -+> Einkommen -+> Konsum -+> Wohlstand -+> Binnennachfrage

R (6): Einkommensschere Kapital : Arbeit --> Deglobalisierung -+> Qualitatives nachhaltiges Wachstum -+> Dezentralisierung -+> Kommunalisierung -+> Lokale/globale Netzwerke --> Einkommensschere Kapital : Arbeit

Abb. B1 Kreislaufmuster 1v5

B (7): Ruinöser Wettbewerb -+> Quantitative dauerhaftes Wachstum -+> Multinationale Konzerne --> Dezentralisierung -+> Kommunalisierung -+> Lokale/globale Netzwerke -+> Kleinunternehmen -+> Ruinöser Wettbewerb

R (9): Globale Kontrolle der Multikonzerne --> Wohlstand in E-Länder -+> Quantitative dauerhaftes Wachstum -+> Multinationale Konzerne --> Dezentralisierung -+> Kommunalisierung -+> Lokale/globale Netzwerke -+> Kleinunternehmen -+> Ruinöser Wettbewerb -+> Globale Kontrolle der Multikonzerne

B (9): Umweltauflagen in E-Länder --> Natur- und Umweltbelastungen --> Intakte Lebensräume --> Biodiversität -+> Leistungen der Natur -+> Deglobalisierung --> WTO-Regeln -+> Zielorientierte Arbeitsteilung in E-Länder -+> Investitionen in E-Länder --> Umweltauflagen in E-Länder

B (10): Globale Kontrolle der Multikonzerne -+> Investitionen in E-Länder --> Arbeit in I-Länder --> Arbeitsverlagerung -+> Zielorientierte Arbeitsteilung in E-Länder -+> Wohlstand in E-Länder -+> Quantitative dauerhaftes Wachstum -+> Multinationale Konzerne --> Kleinunternehmen -+> Ruinöser Wettbewerb -+> Globale Kontrolle der Multikonzerne

R (10): Wohlstand in E-Länder -+> Quantitative dauerhaftes Wachstum -+> Multinationale Konzerne --> Dezentralisierung -+> Kommunalisierung -+> Lokale/globale Netzwerke --> Einkommensschere Kapital : Arbeit --> Deglobalisierung --> WTO-Regeln -+> Zielorientierte Arbeitsteilung in E-Länder - +> Wohlstand in E-Länder

B (12): Umweltauflagen in E-Länder --> Natur- und Umweltbelastungen --> Intakte Lebensräume --> Biodiversität -+> Leistungen der Natur -+> Deglobalisierung -+> Nationale Identität -+> Handels- und Finanzprotektionismus --> Internationaler Handel -+> Warenangebot -+> Zielorientierte Arbeitsteilung in E-Länder --> Investitionen in E-Länder --> Umweltauflagen in E-Länder

Abb. B2 Kreislaufmuster 2v5

R (13): Globale Kontrolle der Multikonzerne --+> Investitionen in E-Länder --> Umweltauflagen in E-Länder --> Natur- und Umweltbelastungen --> Intakte Lebensräume --> Biodiversität --+> Leistungen der Natur --+> Deglobalisierung --+> Qualitatives nachhaltiges Wachstum --+> Dezentralisierung --> Multinationale Konzerne --> Kleinunternehmen --+> Ruinöser Wettbewerb --+> Globale Kontrolle der Multikonzerne

B (13): Globale Kontrolle der Multikonzerne --+> Investitionen in E-Länder --> Arbeit in I-Länder --> Arbeitsverlagerung --+> Zielorientierte Arbeitsteilung in E-Länder --+> Wohlstand in E-Länder --+> Quantitative dauerhaftes Wachstum --+> Multinationale Konzerne --> Dezentralisierung --+> Kommunalisierung --+> Lokale/globale Netzwerke --+> Kleinunternehmen --+> Ruinöser Wettbewerb --+> Globale Kontrolle der Multikonzerne

R (13): Wohlstand in E-Länder --+> Quantitative dauerhaftes Wachstum --+> Multinationale Konzerne --> Dezentralisierung --+> Kommunalisierung --+> Lokale/globale Netzwerke --> Einkommensschere Kapital : Arbeit --> Deglobalisierung --+> Nationale Identität --+> Handels- und Finanzprotektionismus --> Internationaler Handel --+> Warenangebot --+> Zielorientierte Arbeitsteilung in E-Länder --+> Wohlstand in E-Länder

R (14): Globale Kontrolle der Multikonzerne --+> Investitionen in E-Länder --> Umweltauflagen in E-Länder --> Natur- und Umweltbelastungen --> Intakte Lebensräume --> Biodiversität --+> Leistungen der Natur --+> Deglobalisierung --+> Qualitatives nachhaltiges Wachstum --+> Dezentralisierung --+> Kommunalisierung --+> Lokale/globale Netzwerke --+> Kleinunternehmen --+> Ruinöser Wettbewerb --+> Globale Kontrolle der Multikonzerne

R (15): Globale Kontrolle der Multikonzerne --+> Investitionen in E-Länder --> Umweltauflagen in E-Länder --> Natur- und Umweltbelastungen --> Intakte Lebensräume --> Biodiversität --+> Leistungen der Natur --+> Deglobalisierung --> WTO-Regeln --+> Zielorientierte Arbeitsteilung in E-Länder --+> Wohlstand in E-Länder --+> Quantitative dauerhaftes Wachstum --+> Multinationale Konzerne --> Kleinunternehmen --+> Ruinöser Wettbewerb --+> Globale Kontrolle der Multikonzerne

Abb. B3 Kreislaufmuster 3v5

R (16): Umweltauflagen in E-Länder --> Natur- und Umweltbelastungen --> Intakte Lebensräume --> Biodiversität -+> Leistungen der Natur -+> De-Globalisierung -+> Qualitatives nachhaltiges Wachstum -+> Dezentralisierung --> Multinationale Konzerne --> Kleinunternehmen -+> Ruinöser Wettbewerb -+> Quantitative dauerhaftes Wachstum -+> Internationaler Handel -+> Warenangebot -+> Zielorientierte Arbeitsteilung in E-Länder -+> Investitionen in E-Länder --> Umweltauflagen in E-Länder

R (17): Umweltauflagen in E-Länder --> Natur- und Umweltbelastungen --> Intakte Lebensräume --> Biodiversität -+> Leistungen der Natur -+> De-Globalisierung -+> Qualitatives nachhaltiges Wachstum -+> Dezentralisierung -+> Kommunalisierung -+> Lokale/globale Netzwerke -+> Kleinunternehmen -+> Ruinöser Wettbewerb -+> Quantitative dauerhaftes Wachstum -+> Internationaler Handel -+> Warenangebot -+> Zielorientierte Arbeitsteilung in E-Länder -+> Investitionen in E-Länder --> Umweltauflagen in E-Länder

R (18): Globale Kontrolle der Multikonzerne -+> Investitionen in E-Länder --> Umweltauflagen in E-Länder --> Natur- und Umweltbelastungen --> Intakte Lebensräume --> Biodiversität -+> Leistungen der Natur -+> Deglobalisierung --> WTO-Regeln -+> Zielorientierte Arbeitsteilung in E-Länder -+> Wohlstand in E-Länder -+> Quantitative dauerhaftes Wachstum -+> Multinationale Konzerne --> Dezentralisierung -+> Kommunalisierung -+> Lokale/globale Netzwerke -+> Kleinunternehmen -+> Ruinöser Wettbewerb -+> Globale Kontrolle der Multikonzerne

R (18): Globale Kontrolle der Multikonzerne -+> Investitionen in E-Länder --> Umweltauflagen in E-Länder --> Natur- und Umweltbelastungen --> Intakte Lebensräume --> Biodiversität -+> Leistungen der Natur -+> Deglobalisierung -+> Nationale Identität -+> Handels- und Finanzprotektionismus --> Internationaler Handel -+> Warenangebot -+> Zielorientierte Arbeitsteilung in E-Länder -+> Wohlstand in E-Länder -+> Quantitative dauerhaftes Wachstum -+> Kleinunternehmen --> Multinationale Konzerne --> Ruinöser Wettbewerb -+> Globale Kontrolle der Multikonzerne

B (18): Globale Kontrolle der Multikonzerne --> Wohlstand in E-Länder --> Quantitative dauerhaftes Wachstum -+> Internationaler Handel -+> Warenangebot -+> Zielorientierte Arbeitsteilung in E-Länder -+> Investitionen in E-Länder --> Umweltauflagen in E-Länder --> Natur- und Umweltbelastungen --> Intakte Lebensräume --> Biodiversität -+> Leistungen der Natur -+> Deglobalisierung -+> Qualitatives nachhaltiges Wachstum -+> Dezentralisierung --> Multinationale Konzerne --> Kleinunternehmen -+> Ruinöser Wettbewerb -+> Globale Kontrolle der Multikonzerne

Abb. B4 Kreislaufmuster 4v5

B (19): Globale Kontrolle der Multikonzerne --> Wohlstand in E-Länder -+> Quantitative dauerhaftes Wachstum -+> Internationaler Handel -+> Warenangebot -+> Zielorientierte Arbeitsteilung in E-Länder -+> Investitionen in E-Länder --> Umweltauflagen in E-Länder --> Natur- und Umweltbelastungen --> Intakte Lebensräume --> Biodiversität -+> Leistungen der Natur -+> Deglobalisierung -+> Qualitatives nachhaltiges Wachstum -+> Dezentralisierung -+> Kommunalisierung -+> Lokale/globale Netzwerke -+> Kleinunternehmen -+> Ruinöser Wettbewerb -+> Globale Kontrolle der Multikonzerne

R (21): Globale Kontrolle der Multikonzerne -+> Investitionen in E-Länder -+> Umweltauflagen in E-Länder --> Natur- und Umweltbelastungen --> Intakte Lebensräume --> Biodiversität -+> Leistungen der Natur -+> Deglobalisierung -+> Nationale Identität -+> Handels- und Finanzprotektionismus --> Internationaler Handel -+> Warenangebot -+> Zielorientierte Arbeitsteilung in E-Länder -+> Wohlstand in E-Länder -+> Quantitative dauerhaftes Wachstum --> Multinationale Konzerne --> Dezentralisierung -+> Kommunalisierung -+> Lokale/globale Netzwerke -+> Kleinunternehmen -+> Ruinöser Wettbewerb -+> Globale Kontrolle der Multikonzerne

Abb. B5   Kreislaufmuster 5v5

Literatur

Aachener Stiftung Kathy Beys (2002 ff.) Lexikon der Nachhaltigkeit, Definitionen, Nachhaltigkeit. https://www.nachhaltigkeit.info/artikel/erste_verwendung_durch_die_vereinten_nationen_1728.htm (Zugriff 29.06.2018)

Altvater, E. (2015a) Der Grundwiderspruch des 21. Jahrhunderts • Der globalisierende Kapitalismus ist auf eine stetig wachsende Wirtschaft angewiesen, nun stößt er an natürliche Grenzen. In: Atlas der Globalisierung – Weniger ist mehr (2015), S. 16–19, Le Monde diplomatique/taz, Berlin

Altvater, E. (2015b) Das Erdzeitalter des Kapitals • In Kapitalozän haben die Geoingenieure das Sagen. Sie wollen die zerstörerischen Folgen des industriellen Wachstums mit der Technik bekämpfen, die die Probleme verursacht haben. In: Atlas der Globalisierung – Weniger ist mehr (2015), S. 44–47, Le Monde diplomatique/taz, Berlin

Beasley, D. (2017) Interview in: Die Zeit, Nr. 47, S. 5, 16. November

Bello, W. (2005) De-Globalisierung – Widerstand gegen die neue Weltordnung. VSA, Hamburg

Bonneuil, Chr. (2015) Die Erde im Kapitalozän. In: Le Monde diplomatique, November 2015, 20–21

Branco, J. (2016) Das große Urankomplott – Der französische Konzern Areva und seine dunklen Geschäfte in Afrika. Le Monde diplomatique, November 2016, S. 10–11

Brand, U. (2015) Die Illusion vom sauberen Wachstum • Der Green New Deal verspricht eine industrielle Revolution, an der sozialen Ungleichheit und der Ausbeutung der Natur im globalen Süden will er nichts ändern. In: Atlas der Globalisierung – Weniger ist mehr (2015), S. 52–53, Le Monde diplomatique/taz, Berlin

Butterwegge, C.; Lösch, B.; Ptak, R. (2016) Kritik des Neoliberalismus. Springer VS, Wiesbaden

Butterwegge, C. (2016) Armut. Papy Rossa, Köln

Daum, P. (2010) Für eine Hand voll Tomaten. Le Monde diplomatique, 12. März 2010

Deutsch, K. W. (1969) Politische Kybernetik - Modelle und Perspektiven. Rombach, Freiburg im Breisgau

Deutschmann, C. (2015) Die Finanzialisierung der Welt • Seit den 1970er Jahren ermöglichte die Politik den Banken, Versicherungen und Fondsmanagern, ihren Einfluss auf die Wirtschaft auszubauen. In: Atlas der Globalisierung – Weniger ist mehr (2015), S. 20–21, Le Monde diplomatique/taz, Berlin

Dietz, K. (2015) Lateinamerika: Wachstum und Naturausbeutung • Der Export von Rohstoffen ermöglich eine Bekämpfung der Armut – zu hohen Kosten. In: Atlas der Globalisierung – Weniger ist mehr (2015), S. 36–37, Le Monde diplomatique/taz, Berlin

Groneweg, M. (2017) HeidelbergCement in Indonesien. Lebensprinzip vs. Zementfabrik. In: taz 10.05.2017

Grunewald, K.; Bastian, O. (2013) (Hrsg.) Ökosystemdienstleistungen. Springer Spektrum, Heidelberg

Guillén, R. (2017) Dienstleistungstiere – die Ausbeutung der Bienen. In. Le Monde diplomatique, Dezember, S. 1 und 22

Hartmann, K. (2015) Aus kontrolliertem Raubbau – Wie Politik und Wirtschaft das Klima anheizen, Natur vernichten und Armut produzieren. Blessing, München

Heinrichs, H.; Michelsen, G. (2014) Nachhaltigkeitswissenschaften. Springer Spektrum, Heidelberg

Jacobs, H.-J. (2016) Wem gehört die Welt? – die Machtverhältnisse im globalen Kapitalismus. Albrecht Knaus, München

Keller, A.; Klute, M. (2016) Dreckiger Zement – Der Fall Indonesien. Le Monde diplomatique, Oktober 2016, S. 1 und 20–21

Klaus, G.; Liebscher, H. (1976) (Hrsg.) Wörterbuch der Kybernetik. Dietz, Berlin

Klingst, M. (2015) Schadfleck oder Chance? In: Zeit-Online, 21. Juni 2017

Koch, E. (2014) Globalisierung – Wirtschaft und Politik. Springer Gabler, Wiesbaden

Küppers, J-P.; Küppers, E. W. U. (2016) Bedingt handlungsbereit – Die jüngste Migrationswelle und ihre Grenzen systemischer Krisenbewältigung in einer globalisierten Welt in: Zeitschrift für Politikberatung, ZPB, J. 7 (2015), H. 3, S. 110–121

Küppers, E. W. U. (2018) Die Humanoide Herausforderung. Springer Vieweg, Heidelberg

Küppers, U. (2014) Systemische Bionik - Impulse für eine nachhaltige gesellschaftliche Weiterentwicklung. Springer Vieweg, Wiesbaden

Küppers, U.; Küppers J.-P. (2013) Ein Pakt für das Gemeinwesen – Über das vertagte Denken in komplexen Räumen der Politik. ZPB 3–4, S. 177–183

Küppers, E. W. U. (2013) Denken in Wirkungsnetzen. Tectum, Marburg

Küppers, U. (2007) An die Natur angelehnt. Bionisches Verpackungsprodukt auf dem Weg in die Verpackungswirtschaft. In: Verpackungs-Rundschau, 10/2007, 50–52

Kuhn, T. S. (1971) The Structure of Scientific Revolutions. Chicago: University of Chicago Press, Deutsch: (1976) Die Struktur wissenschaftlicher Revolutionen. Frankfurt a.M.: Suhrkamp

Le Monde diplomatique (2015) Atlas der Globalisierung – Weniger wird mehr. Der Postwachstumsatlas. Deutsche Ausgabe: Le Monde diplomatique/taz, Berlin

Moore, J. (2015) Capitalism in the Web of Life. Verso, London

Orsenna, É. (2007) Weisse Plantagen – Eine Reise durch unsere globalisierende Welt. C. H. Beck, München

Probst, M. (2015) Umdenken oder Untergehen. In: Die Zeit, Nr. 44, 26.10.2015, S. 66

Polanyi, K. (1957) The Great Transformation. Beacon, Boston, Deutsch: (1978) The Great Transformation – Politische und ökonomische Ursprünge von Gesellschaften und Wirtschaftssystemen, Suhrkamp, Frankfurt a. M.

Pollmer, U. (2017) Wann kommt die perfekte Tomate? In: Deutschlandfunk Kultur, 24.02.2017

Renn, J.; Scherer, B. (2015) Das Anthropozän. Matthes & Seitz, Berlin

Sächsische Carlowitz-Gesellschaft (2013) (Hrsg.) Die Erfindung der Nachhaltigkeit. oekom, München

Schellhuber, H. J. (2015) Selbstverbrennung – Die fatale Dreiecksbeziehung zwischen Klima, Mensch und Kohlenstoff. Bertelsmann, München

Schubert, K.; Klein, M. (2016) Das Politiklexikon. 6. aktualisierte und erweiterte Auflage. Dietz, Bonn

Shiva, V. (1993) Monocultures of Mind. Zed Books and Third World Network, London, New York, Penang

Straaß, V. (1990) Spielregeln der Natur. BLV, München

Straubhaar, T. (2016) Die De-Globalisierung hat längst begonnen. In: Welt N24, Wirtschaft, veröffentlicht am 03.10.2016, online

Sulzmann, D. (2015) Die Anbaubedingungen in der südspanischen Provinz Almeria. In: Deutschlandfunk Kultur, 23.03.2015

Tucholsky, K. (1984) Die Verteidigung des Vaterlandes (1928). In: Mit 5 PS, Volk und Welt, Berlin

van Dieren, W. (1985) Mit der Natur rechnen. Birkhäuser, Basel

Vester, F. (1999) Die Kunst vernetzt zu denken – Ideen und Werkzeuge für einen neuen Umgang mit Komplexität. DVA, Stuttgart

Vester, F. (1985) Neuland des Denkens. 3. Aufl. dtv, Stuttgart

von Weizsäcker, C. F. (1987) Das Ende der Geduld. Hanser, München Wien

Watson, R. (2014) (Original 2012) 50 Schlüsselideen der Zukunft. Springer Spektrum, Heidelberg

Wiener, N. (1963) Kybernetik. Regelung und Nachrichtenübertragung im Lebewesen und in der Maschine. 2. Aufl., Econ, Düsseldorf, Wien

World Commission on Environment and Development (1987) Report: Our Common Future, p. 41

Zimmermann, F. M. (2016) Nachhaltigkeit wofür? Springer Spektrum, Heidelberg

Printed in the United States
By Bookmasters